高等院校电气信息类专业"互联网+"创新规划教材

PHP 编程基础与实践教程

主　编　干　练　毛红霞
副主编　李　林　廖竞昀

北京大学出版社
PEKING UNIVERSITY PRESS

内 容 简 介

全书共 10 章,主要内容为 PHP 概述和环境搭建、PHP 语言基础、字符串操作、数组操作、与 Web 页面的交互、PHP 的高级应用、面向对象编程、MySQL 数据库管理系统、PHP 操作 MySQL 数据库及项目实战。 本书结合实例和项目实战,提供了丰富的实例代码和完整的项目实战代码,层层深入,由浅入深地讲解相关知识点。

本书为读者提供了相关视频、拓展内容、习题答案和模拟试卷,读者可以通过扫描书中所附二维码下载获得。

本书可作为高等院校计算机科学、软件工程、电子商务和信息管理等相关专业的教材,也可供工程技术人员参考使用。

图书在版编目(CIP)数据

PHP 编程基础与实践教程/干练, 毛红霞主编 . —北京:北京大学出版社,2019.1
高等院校电气信息类专业"互联网+"创新规划教材
ISBN 978 - 7 - 301 - 30083 - 1

Ⅰ. ①P… Ⅱ. ①干… ②毛… Ⅲ. ①PHP 语言—程序设计—高等学校—教材 Ⅳ.
①TP312. 8

中国版本图书馆 CIP 数据核字(2018)第 264362 号

书　　　　名	PHP 编程基础与实践教程
	PHP BIANCHENG JICHU YU SHIJIAN JIAOCHENG
著作责任者	干　练　毛红霞　主编
策划编辑	吴　迪
责任编辑	黄红珍
数字编辑	刘　蓉
标准书号	ISBN 978 - 7 - 301 - 30083 - 1
出版发行	北京大学出版社
地　　　　址	北京市海淀区成府路 205 号　100871
网　　　　址	http://www. pup. cn　新浪微博:@北京大学出版社
电子信箱	pup_6@163. com
电　　　　话	邮购部 010 - 62752015　发行部 010 - 62750672　编辑部 010 - 62750667
印刷者	北京溢漾印刷有限公司
经销者	新华书店
	787 毫米 ×1092 毫米　16 开本　15.5 印张　357 千字
	2019 年 1 月第 1 版　2021 年 1 月第 2 次印刷
定　　　　价	45.00 元

前　言

　　PHP 是一种服务器端的、跨平台的、HTML 嵌入式的弱类型开源脚本语言，吸收了 C 语言、Java 语言和 Perl 语言的特点，并在其中混入了许多自创的语法，是一种广泛应用的多用途脚本语言，尤其适合 Web 应用程序开发。

　　PHP 的语法结构简单、灵活，书写方便、快捷，简单易学，读者只需要具有一定的 C、C++ 或 Java 程序设计基础就能快速上手，即使没有任何语言基础也能够快速入门。

　　本书编者是长期从事 PHP 程序设计教学工作的一线教师，具有丰富的教学经验和较强的编程能力。编者从高等院校学生的实际情况出发，结合大量实例和完整的项目实战，从 PHP 的基础语法到开发 Web 应用程序由浅入深地进行讲解，使学生能够掌握 PHP 的基本语法和开发 Web 应用程序的基本方法，为成为一名计算机软件专业人才打下坚实的基础。

　　与同类教材相比，本书具有以下特点。

　　（1）门槛较低。读者无须太多的技术基础就能通过本书掌握 PHP 的基本语法和 Web 应用程序开发的基本方法。

　　（2）内容丰富、严谨。本书采用由浅入深、循序渐进的方式进行内容的编排和章节的组织，介绍了大量在实际开发中常用的相关语法。

　　（3）强调理论与实践相结合。本书使用大量的实例代码作为载体，以达到介绍 PHP 基本语法的目的，并在最后一章提供了完整的实战项目，可以帮助读者巩固所学知识，掌握 Web 应用程序开发的基本方法。

　　（4）丰富的课后习题及解答。本书第 1～9 章每章章后都精心安排了数量不等的课后习题，并以二维码链接的形式提供了习题答案，使读者能够进一步巩固所学知识。

　　（5）丰富的教学及学习资源。本书为读者提供了相关视频、拓展内容、习题答案和模拟试卷，读者可以通过扫描书中所附二维码下载获得。

　　对于初学者，编者建议从第 1 章开始按顺序系统地学习，而具有一定程序设计基础的读者可以根据需要挑选其中部分章节进行学习。

　　在教学中可安排 64 学时，编者建议以每周 2 次课、每课 2 学时的进度进行，16 周可完成，每章结束后可安排适当的小结和复习。

　　本书由四川大学锦城学院的干练和毛红霞担任主编，李林和廖竞昀担任副主编，具体编写分工为第 1 章由廖竞昀编写，第 2～5 章由干练编写，第 7 章由李林编写，第 8～10 章由毛红霞编写。全书由李林、廖竞昀统稿。

在本书的编写过程中，编者查阅、参考了大量的文献资料，在此对这些资料的作者们表示真挚的感谢。

由于编者水平有限，书中不足之处在所难免，敬请读者指正。编者的电子邮箱为 gan_lian@ 126. com。

编　者

2018 年 9 月

【资源索引】

目　　录

第 1 章

PHP概述和环境搭建

本章主要内容：

- PHP 的概念
- PHP 的优点
- PHP 的主要应用领域
- PHP 的发展历程
- 学习 PHP 的基本方法
- 相关的学习资源
- Windows 操作系统下搭建 PHP 开发环境的方法
- 几种主流的集成开发工具
- 使用 Zend Studio 编写第一个实例

1.1 初识 PHP

1994 年，PHP（Hypertext Preprocessor，超文本预处理器）由被称为"PHP 之父"的 Rasmus Lerdorf 创建。PHP 最初用于满足个人的开发需要，但随着代码的公开和不断的改进，现在已经成为主流的 Web 应用程序开发语言之一。

1.1.1 PHP 的概念

PHP 是一种服务器端的、跨平台的、HTML（Hyper Text Markup Language，超文本标记语言）嵌入式的弱类型开源脚本语言。其中几个重要关键字的含义如下。

【什么是PHP】

（1）服务器端：PHP 需要使用服务器软件进行编译。

（2）跨平台：PHP 可以支持多种操作系统平台，并且能够被多种服务器软件编译。

（3）HTML 嵌入式：PHP 代码是编写在 HTML 代码中的。

（4）弱类型：PHP 定义变量时不需要指明数据类型。

（5）开源：即开放源代码，PHP 的源代码是向所有人公开的。

（6）脚本语言：PHP 是以脚本的方式进行编译的，即只在被调用时进行解释或编译。

PHP 吸收了 C 语言、Java 语言和 Perl 语言的特点，并在其中混入了许多自创的语法，是一种广泛应用的多用途脚本语言，尤其适合 Web 应用程序开发。

【实例 1－1（1_Welcome_Information. php）】 在网页中显示欢迎信息"欢迎使用 PHP!"。示例代码如下。

```
<html >
  <head >
    <title >欢迎信息</title >
    <? php
      header("content - Type: text/html; charset = gb2312");
      $info = '欢迎使用 PHP! ';
    ? >
  </head >
  <body >
    <h1 > <? php echo $info; ? > </h1 >
  </body >
</html >
```

运行结果如图 1－1 所示。

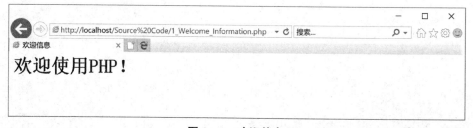

图1-1 欢迎信息

1.1.2　PHP 的优点

PHP 的语法结构简单、灵活，易于开发人员进行 Web 应用程序的开发。使用 PHP 开发的 Web 应用程序具有以下优点。

（1）安全性高。PHP 作为一种开源式的脚本语言，所有人都可以自由地查看并修改其安全设定。这种灵活的设置模式使 PHP 具有公认的高安全性能。

（2）卓越的跨平台特性。PHP 能够支持绝大多数的操作系统平台，包括 Windows、UNIX、Linux 和 Mac OS 等；并且能够被包括 Apache、IIS 等在内的多种 Web 服务器软件编译。

（3）广泛的数据库支持。PHP 支持包括 MySQL、SQL Server 和 Oracle 在内的多种主流和非主流的数据库。

（4）简单易用。PHP 的语法结构简单、灵活，书写方便、快捷，并具有丰富的、功能完备的内置函数，不仅方便初学者学习掌握，而且便于开发人员高效地进行开发。

（5）执行速度快。PHP 是一种解释性的脚本语言，即在编写好代码后就可以直接执行，而不需要先进行编译。因此，PHP 占用的系统资源非常少，代码的执行速度非常快。

（6）支持模块化。PHP 支持模块化的编程方式，即能够实现业务逻辑和用户界面的分离，从而有效地实现"高内聚、低耦合"的思想。

（7）支持面向对象和面向过程。PHP 能够同时支持面向对象和面向过程这两种开发方式，并可以向下兼容。

（8）内嵌加速引擎。PHP 中内嵌的 Zend 加速引擎是 PHP 实现的核心，其性能快速、稳定，能够极大地提高 PHP 的执行效率。

1.1.3　PHP 的主要应用领域

PHP 的应用领域非常广泛，主要如下。
（1）中小型网站的开发。
（2）大型网站的业务逻辑结果展示。
（3）Web 应用系统的开发。
（4）电子商务应用的开发。
（5）多媒体系统的开发。
（6）硬件管控软件的 GUI（Graphical User Interface，图形用户界面）。

从开发人员角度来说，PHP 的语法结构简单、灵活，能够进行高效的开发，因此越来越受到开发人员的青睐，目前已有几百万名开发人员在使用 PHP。根据 TIOBE 网站发布的《2017 年 9 月份编程语言排行榜》，PHP 排名第七，并呈现上升趋势。

从经济角度来说，PHP 作为一种免费的开源式脚本语言是非常实用的。根据相关数据统计，全球已有超过 2200 万家网站和 15000 家公司正在使用 PHP，其中包括百度、新浪、Yahoo、Google、YouTube 和 Facebook 等著名网站，也包括汉莎航空的电子订票系统、德意志银行的网上银行系统和华尔街在线的金融信息发布系统等。

1.1.4 PHP 的发展历程

从 1995 年正式对外发布第一个版本 PHP 1.0 开始，PHP 经过二十多年的改进和发展，目前发展到 PHP 7.3 版本，并逐渐成为主流的 Web 应用程序开发语言之一。在 PHP 的发展历程中，其主要版本如下。

（1）PHP 4：该版本在之前版本的基础上，增加了改进的资源处理、面向对象的支持、内置的会话处理支持、加密、ISAPI 支持、内置 COM/DCOM 支持、内置 Java 支持和兼容 Perl 正则表达式库等企业级改进。因此，该版本被认为是 PHP 在企业级开发环境下的正式亮相。

（2）PHP 5：该版本极大地提高了面向对象的支持能力，增加了 try/catch 异常处理和 SQLite 的内置支持，改进了 XML 和 Web 服务支持。该版本可以说是 PHP 发展历程中的另一座分水岭。

（3）PHP 7：该版本新增了 NULL 合并运算符、函数返回值类型声明、标量类型声明、use 批量声明、匿名类和常量数组等特性，并在性能方面实现了跨越式的大幅度提升。

PHP 作为企业用来构建服务导向型、创建和混合 Web 于一体的新一代综合性编程语言，正在向更加企业化的方向迈进，而且将更加适合大型应用系统的开发，并逐渐成为开源商务应用发展的方向。

1.2 学 习 方 法

对于每个初学者而言，如何学好 PHP 是大家共同面临的首要问题。其实，学习每种编程语言的基本方法都大同小异，而想要学好 PHP，需要注意以下几点。

（1）明确自己的学习目标和学习方向，并持之以恒地努力学习，认真研究。

（2）掌握 PHP 开发环境的搭建方法，并选择一款适合自己的集成开发工具。

（3）多阅读一些关于程序设计的基础教材，掌握基本的编程知识和常用的函数。

（4）多实践、多思考、多请教、多动手，培养编程思想，提高技术和见识，切不可死记硬背。

（5）戒骄戒躁，冷静对待技术问题。遇到问题时不轻言放弃，要保持头脑清醒，坚持不懈、持之以恒地解决问题。

（6）多与他人沟通，学习和领悟他人的编程思想，学习并掌握整体的开发思路，从而系统地学习编程。

（7）严格遵守编码规范，养成良好的编程习惯，并学习一些先进的设计模式，提高代码的可读性。

1.3 学 习 资 源

读者在学习过程中，不仅需要一本好的教材，而且需要一些学习资源，只有这样才能更好地学习 PHP。因此，本书为读者罗列了一些相关的学习资源，希望这些资源能够帮助读者更好地学习 PHP。

1. PHP 集成开发工具

PHP 常用的集成开发工具很多,主流的有 Zend Studio、PhpStrom 和 Dreamweaver 等,这些集成开发工具各具优势,而选择一款适合自己的集成开发工具往往能达到事半功倍的效果。

常用集成开发工具的下载网站为 http://www.php.cn。该网站提供了部分主流的 PHP 集成开发工具,读者可以根据自己的需要进行下载。

2. PHP 参考手册

PHP 的内置函数多达几千种,绝大多数的开发人员是不可能对每一种函数都非常熟悉的。PHP 参考手册可以帮助开发人员在遇到不熟悉的函数时,查询该函数的详细解释和说明。同时,PHP 参考手册还提供了关于安装与配置、语言参考、安全和特点等内容的介绍。

PHP 参考手册的下载网站为 http://www.php.net/docs.php。该网站提供了各种语言、格式和版本的参考手册,读者可以根据自己的需要进行下载。

3. PHP 技术论坛和社区

专业的 PHP 技术论坛和社区不仅为开发人员和爱好者提供了网络交流平台,而且提供了大量的教学视频和图书等各类资源。这些资源能够帮助开发人员提高技术水平,是开发人员及爱好者工作和学习的好助手。

(1) PHP100 互联网开发者社区网址为 http://www.php100.com。

(2) PHP China 开发者社区网址为 http://www.phpchina.com。

(3) PHP 中文网网址为 http://www.php.cn。

1.4 Windows 下的环境搭建

Apache 服务器软件、MySQL 数据库管理系统和 PHP 能够组成简称 AMP 的网站开发黄金组合。该组合具有非常优秀的跨平台特性,并且所有软件都是开源免费的,因此绝大多数基于 PHP 的 Web 应用程序使用的是 AMP 组合。也就是说,搭建 PHP 的开发环境,需要在操作系统中安装 Apache、MySQL 和 PHP 等软件或工具,并进行适当的配置。

分别逐一安装和配置 Apache、MySQL 和 PHP 等软件或工具是一件非常复杂和烦琐的工作,对于初学者来说,这一过程具有相当大的难度。因此,建议初学者使用 PHP 环境组合包在 Windows 操作系统下搭建 PHP 的开发环境。

所谓 PHP 环境组合包,就是将 Apache、MySQL 和 PHP 等软件或工具进行初步配置之后集成在一起,读者只需要通过几个简单的步骤将 PHP 环境组合包安装到 Windows 操作系统中,并进行简单的设置,就可以成功搭建起 PHP 的开发环境。

PHP 环境组合包虽然在灵活性上要差很多，但是安装简单，运行稳定，非常适合初学者使用。PHP 环境组合包有十余种，它们的安装和使用大同小异，而目前主流的 PHP 环境组合包如下。

（1）AppServ，下载地址为 https://www. appserv. org。

（2）WampServer，下载地址为 http://www. wampserver. com。

（3）EasyPHP，下载地址为 http://www. easyphp. org。

（4）XAMPP，下载地址为 https://www. apachefriends. org。

说明：如果采用 PHP 环境组合包在 Windows 操作系统下搭建 PHP 的开发环境，首先需要保证 Windows 操作系统中没有安装 Apache、MySQL 和 PHP 等软件或工具。如果已安装上述软件或工具，那么需要先卸载这些软件或工具，然后开始安装 PHP 环境组合包，否则会导致安装失败。

本书以 AppServ 环境组合包为例，向读者介绍 Windows 操作系统下使用 PHP 环境组合包搭建 PHP 开发环境的方法。

AppServ 环境组合包的具体安装和配置步骤如下。

（1）从 AppServ 官网下载 AppServ 安装包。

（2）双击安装包，进入图 1 - 2 所示的 AppServ 安装启动界面。

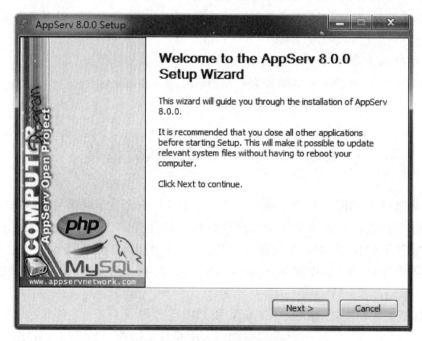

图 1 - 2　AppServ 安装启动界面

（3）单击 Next 按钮，进入图 1 - 3 所示的 AppServ 安装协议界面。

（4）单击 I Agree 按钮，进入图 1 - 4 所示的 AppServ 安装路径选择界面，选择合适的安装路径。

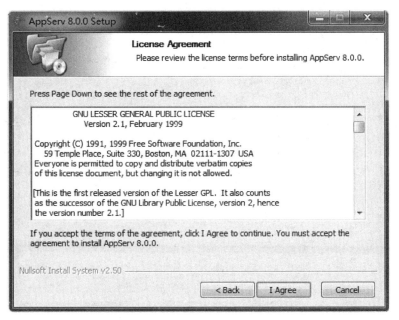

图 1-3 AppServ 安装协议界面

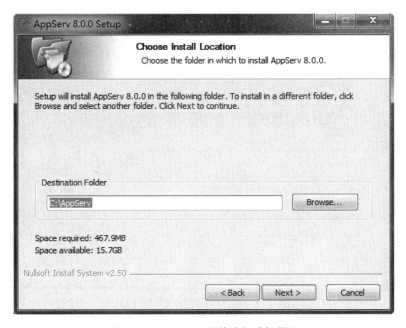

图 1-4 AppServ 安装路径选择界面

注意：选择安装路径时，必须将 AppServ 安装在磁盘根目录下，否则可能导致 Apache 服务无法正常启动。

（5）单击 Next 按钮，进入图 1-5 所示的 AppServ 程序组件选择界面，选择需要安装的组件。

图 1-5　AppServ 程序组件选择界面

（6）单击 Next 按钮，进入图 1-6 的 AppServ 端口设置界面，设置合适的端口号。

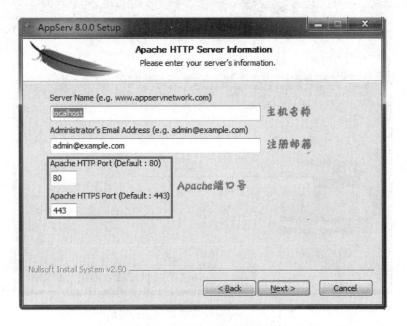

图 1-6　AppServ 端口设置界面

注意： 端口号对于 Apache 服务器软件来说至关重要。它直接影响 Apache 服务是否能够正常启动，即如果 Apache 服务器软件的端口被其他程序占用，会导致 Apache 服务无法启动。

> **说明：**可以通过在 Windows 命令窗口中输入 netstat – ano 命令查看端口的使用情况，并通过 tasklist→findstr 端口号命令查看占用指定端口的进程或程序。

（7）单击 Next 按钮，进入图 1 – 7 所示的 AppServ MySQL 设置界面，进行合理的设置。

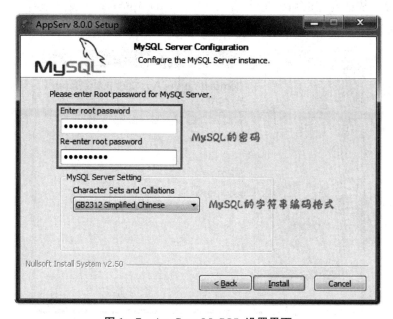

图1 – 7　AppServ MySQL 设置界面

（8）单击 Install 按钮，进入图 1 – 8 所示的 AppServ 安装界面。

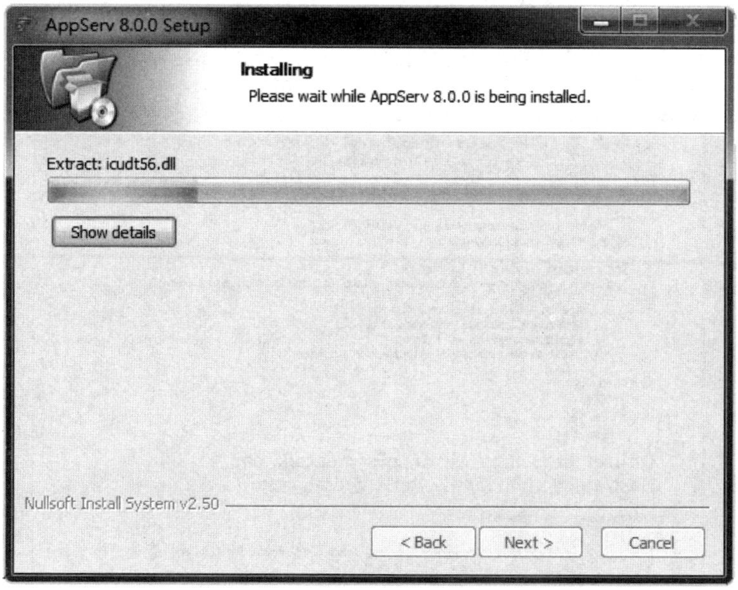

图1 – 8　AppServ 安装界面

> **说明：** 如果在安装过程中安装程序提示"缺少 msvcr110.dll 文件，无法启动服务"，需要首先卸载 AppServ，并删除 AppServ 安装目录和"开始"菜单中的 AppServ 文件夹，然后下载并安装 Microsoft Visual C++ 2012 Redistributable（x86）/（x64），最后重新安装 AppServ。

（9）等待安装进度完成后，进入图 1-9 所示的 AppServ 安装完成界面，单击 Finish 按钮，完成安装。

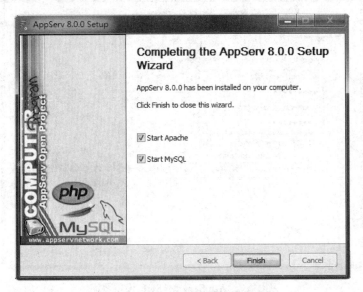

图 1-9　AppServ 安装完成界面

（10）打开浏览器，在地址栏中输入 http://localhost 或 http://127.0.0.1，如果显示图 1-10所示的 AppServ 测试页面，说明 AppServ 安装成功，即 PHP 的开发环境搭建完成。

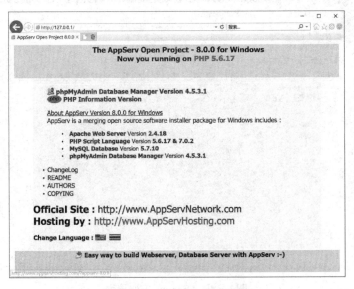

图 1-10　AppServ 测试页面

> **说明：** 在 AppServ 安装目录（图 1-11）中，有五个子目录，其中 www 子目录用于存放编写好的 PHP 网页文件。该子目录中的所有文件夹和文件都必须用英文或数字命名，而且不能存在中文字符。

📁 Apache24	2016/3/8 11:47	文件夹	
📁 MySQL	2016/3/8 11:47	文件夹	
📁 php5	2016/3/8 11:47	文件夹	
📁 php7	2016/3/8 11:47	文件夹	
📁 www	2016/3/8 11:48	文件夹	
⚙ Uninstall-AppServ8.0.0.exe	2016/3/8 11:48	应用程序	221 KB

【PHP 环境
组合包的安装】

图 1-11　AppServ 安装目录

1.5　集成开发工具

随着 PHP 的不断改进和发展，使用 PHP 进行 Web 应用程序开发的开发人员越来越多，为了提高开发效率，很多机构都相继推出了适用于 PHP 开发的集成开发工具。

这些集成开发工具各具优势，而选择一款适合自己的集成开发工具往往能够达到事半功倍的效果。目前主流的 PHP 集成开发工具有 Zend Studio、PhpStorm、phpDesigner 和 Eclipse 等。下面为读者推荐几款知名的集成开发工具，以供读者选择。

【集成开发工具
的安装】

1. Zend Studio

Zend Studio 是一款由 Zend Technologies 公司开发的、基于 Eclipse 平台的 PHP 集成开发工具，能够在 Windows、Linux 和 Mac OS X 操作系统中安装和运行。

Zend Studio 具备功能强大的专业编辑工具和调试工具，支持 PHP 语法加亮显示、语法自动填充功能、书签功能、语法自动缩排和代码复制功能，并支持本地、远程两种调试模式和多种高级调试功能，是目前最强大的 PHP 集成开发工具。

本书将选用 Zend Studio 13.0.1 作为 PHP 集成开发工具，向读者介绍如何开发基于 PHP 的 Web 应用程序。

2. PhpStorm

PhpStorm 是一款由 JetBrains 公司开发的、商业的 PHP 集成开发工具，可以深刻理解用户的编码，从而为用户提供智能代码补全、快速导航和即时错误检查功能。

PhpStorm 是一款轻量级的、便捷的 PHP 集成开发工具，具有跨平台、支持 Refactor、内置支持 Zencode、支持代码重构、支持本地历史记录、自动生成注释、生成类的继承关系图和直接上传代码至服务器等优秀的特性，是目前非常好用的 PHP 集成开发工具。

3. phpDesigner

phpDesigner 是一款由 MP Software 公司开发的、功能强大的、运行速度极快的 PHP 集成开发工具，同时它也是一个功能非常丰富的 CSS 和 JavaScript 编辑器。

phpDesigner 旨在为用户提供快速、省时、强大、稳定的集成开发环境。因此相对于其他集成开发工具来说，它所占用的系统资源较少，并能够帮助用户编辑、分析、测试和发布程序或网站，同时全面支持主流的 PHP 框架和 JavaScript 框架，因此既适合初学者使用，也适合经验丰富的开发人员使用。

1.6　编写第一个实例

在编写第一个实例之前，需要先新建 PHP 项目和 PHP 文件，然后才能开始编写程序，具体步骤如下。

1. 新建 PHP 项目

（1）在 Zend Studio 窗口中选择 File→New→PHP Project 命令，打开新建项目窗口。

（2）在 Project name 文本框中输入项目名称，单击 Finish 按钮，即可新建一个 PHP 项目。

2. 新建 PHP 文件

（1）右击新建的 PHP 项目，在弹出的快捷菜单中选择 New→PHP File 命令，打开新建文件窗口。

（2）在 File name 文本框中输入文件名称，单击 Finish 按钮，即可新建一个 PHP 文件。

> 注意：PHP 文件的扩展名必须为 .php，否则会导致运行或调试失败。

3. 编写和调试第一个实例

（1）在 PHP 文件中写入代码（2_ First_ Example. php）。

```php
<?php
    header("content-Type: text/html; charset=gb2312");
    echo '欢迎使用 Zend Studio! ';
?>
```

（2）在 Zend Studio 窗口中选择 Run→Debug As→PHP Web Application 命令，打开图 1-12 所示的文件路径选择窗口。

（3）单击 OK 按钮，打开图 1-13 所示的调试窗口，即显示 PHP 程序的执行结果。

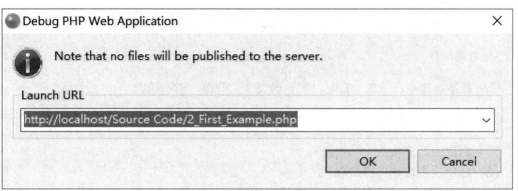

图1-12　调试窗口

图1-13　调试窗口

习　　题

1. 填空题

（1）PHP是一种_____语言。

（2）PHP尤其适合_____的开发。

（3）_____、_____和_____能够组成简称AMP的网站开发黄金组合。

（4）搭建PHP开发环境需要在操作系统中安装_____、_____和_____，并进行适当的配置。

（5）初学者可以使用_____在 Windows 操作系统下搭建 PHP 的开发环境。

2. 名词解释

服务器端　跨平台　HTML 嵌入式　弱类型　开源　脚本语言

3. 问答题

（1）PHP 有哪些优点？
（2）PHP 主要应用于哪些领域？

4. 实践题

（1）尝试使用 AppServ 环境组合包在 Windows 操作系统下搭建 PHP 的开发环境。
（2）尝试在 Windows 操作系统下安装并配置 Zend Studio 集成开发工具。
（3）尝试使用 Zend Studio 集成开发工具编写和调试一个用于输出欢迎信息的 PHP 实例。

【习题答案】

第 2 章

PHP语言基础

本章主要内容：
- PHP 的标记风格、注释方式和输出方法
- PHP 的数据类型，以及检测和转换数据类型的方法
- PHP 中常量和变量的使用方法，以及变量的作用域
- PHP 中的运算符，以及运算符的优先级
- PHP 中函数的使用方法
- PHP 中的流程控制语句

2.1 标　记

PHP 是一种 HTML 嵌入式的脚本语言，因此需要通过标记对来标识 PHP 代码，即使用标记对将 PHP 代码部分包含起来，以说明该段代码为 PHP 代码。

PHP 支持 XML（Extensible Markup Language，可扩展标记语言）风格、脚本风格、简短风格和 ASP（Active Server Pages，动态服务器页面）风格四种不同风格的标记，并可以放置在 < html > 标签中的任何位置。

1. XML 风格的标记

XML 风格的标记是使用" < ?php ? > "来标识 PHP 代码。这是 PHP 中默认的、推荐的、最常用的标记。这种风格的标记不会被服务器禁用，在 XML 和 XHTML（Extensible Hyper Text Markup Language，可扩展超文本标记语言）中也可以使用，因此推荐读者尽量使用该风格的标记。

【实例 2 - 1(3_XML_Tag. php)】　使用 XML 风格的标记在 HTML 中嵌入 PHP 代码，并输出信息"这是 XML 风格的标记"。实例代码如下。

```
<html >
    <head >
        <title >XML 风格的标记</title >
    </head >
    <body >
        <?php
            header("content - Type: text/html; charset = gb2312");
            echo '这是 XML 风格的标记';
        ? >
    </body >
</html >
```

运行结果如图 2 - 1 所示。

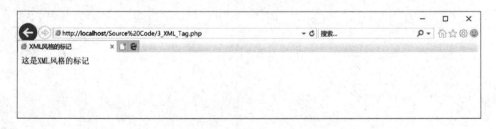

图 2 - 1　XML 风格的标记

2. 脚本风格的标记

脚本风格的标记是使用" < script language = "php" > </script > "来标识 PHP 代码。

【实例2-2(4_Script_Tag. php)】 使用脚本风格的标记在 HTML 中嵌入 PHP 代码，并输出信息"这是脚本风格的标记"。实例代码如下。

```html
<html>
    <head>
        <title>脚本风格的标记</title>
    </head>
    <body>
        <script language ="php">
            header("content - Type: text/html; charset = gb2312");
            echo '这是脚本风格的标记';
        </script>
    </body>
</html>
```

运行结果如图2-2所示。

图2-2　脚本风格的标记

3. 简短风格的标记

简短风格的标记是使用"<？？>"来标识 PHP 代码。

> **说明：** 如果要使用简短风格的标记，需要先在 php. ini 文件中进行设置，通过"开始→程序→AppServ→PHP Edit php. ini"即可打开该文件，然后将其中的 short_open_tag 设置为 ON，最后重启 Apache 服务即可。

【实例2-3(5_Short_Tag. php)】 使用简短风格的标记在 HTML 中嵌入 PHP 代码，并输出信息"这是简短风格的标记"。实例代码如下。

```html
<html>
    <head>
        <title>简短风格的标记</title>
    </head>
    <body>
        <?
            header("content - Type: text/html; charset = gb2312");
            echo '这是简短风格的标记';
        ?>
    </body>
</html>
```

运行结果如图 2 - 3 所示。

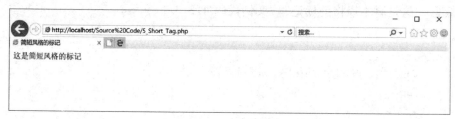

图 2 - 3　简短风格的标记

4. ASP 风格的标记

ASP 风格的标记是使用 " < % % > " 来标识 PHP 代码。

> 说明：如果要使用 ASP 风格的标记，同样需要在 php. ini 文件中进行设置，即将其中的 asp_tags 设置为 ON，然后重启 Apache 服务即可。

【实例 2 -4(6_ASP_Tag. php)】　使用 ASP 风格的标记在 HTML 中嵌入 PHP 代码，并输出信息 "这是 ASP 风格的标记"。实例代码如下。

```
<html >
    <head >
        <title >ASP 风格的标记 </title >
    </head >
    <body >
        <%
            header("content - Type: text/html; charset = gb2312");
            echo '这是 ASP 风格的标记';
        % >
    </body >
</html >
```

运行结果如图 2 -4 所示。

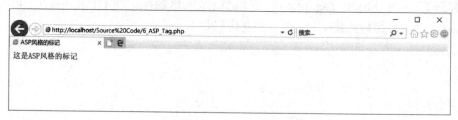

图 2 - 4　ASP 风格的标记

2.2　注　　释

注释就是代码中的说明性文字，主要用于对某行或某段代码进行解释或说明，一般放置在代码的上方或尾部。在执行过程中，代码的注释会被忽略，因此并不会影响程序的运行。

PHP 支持单行注释、多行注释和 Shell 注释三种不同的注释方式。

1. 单行注释

在 PHP 中，可以使用"//"对代码进行单行注释。

> **注意**：单行注释中不能出现"？>"标记，否则解释器会认为 PHP 脚本结束，而不再执行其后的代码。

【**实例 2 - 5(7_Single_Line_Comment. php)**】　使用单行注释对 PHP 代码进行解释。实例代码如下。

```php
<?php
    //设置编码格式,正确显示中文
    header("content - Type: text/html; charset = gb2312");
    echo '这是单行注释';     //显示信息
?>
```

运行结果如图 2 - 5 所示。

图 2 - 5　单行注释

2. 多行注释

在 PHP 中，可以使用"/＊＊/"对代码进行多行注释。

> **注意**：多行注释不允许进行嵌套操作，即"/＊＊/"中不能再出现"/＊＊/"。

【**实例 2 - 6(8_Multi_Line_Comment. php)**】　使用多行注释对 PHP 代码进行解释。实例代码如下。

```php
<?php
    /* 设置编码格式,
    正确显示中文*/
    header("content - Type: text/html; charset = gb2312");
    /* 这是
    多行
    注释*/
    echo '这是多行注释';
?>
```

运行结果如图 2 - 6 所示。

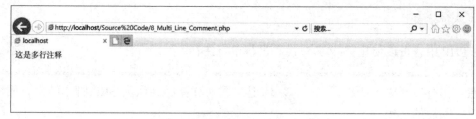

图 2 - 6　多行注释

3. Shell 注释

在 PHP 中, 可以使用 "#" 对代码进行 Shell 注释。

注意: Shell 注释中同样不能出现 "？>" 标记, 否则解释器会认为 PHP 脚本结束, 而不再执行其后的代码。

【实例 2 - 7 (9_Shell_Comment. php) 】　使用 Shell 注释对 PHP 代码进行解释。实例代码如下。

```php
<?php
    #设置编码格式,正确显示中文
    header("content - Type: text/html; charset = gb2312");
    echo '这是 Shell 注释';    #显示信息
?>
```

运行结果如图 2 - 7 所示。

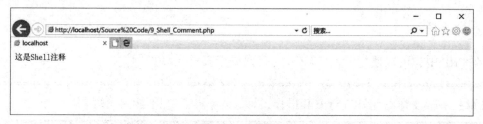

图 2 - 7　Shell 注释

2.3　输　　出

输出的作用就是将代码执行后所产生的结果通过 Web 页面向用户显示。任何一个 Web 应用程序都需要向浏览器输出数据。

在 PHP 中, 主要有 echo、print、printf( ) 和 print_r( ) 四种输出数据方法。

1. echo

在 PHP 中, 可以使用 echo 输出一个或多个字符串, 语法格式如下。

```
void echo(string $arg1[, string $…]);
```

echo 没有返回值，其中 $arg1 和 $… 为一系列要输出的字符串对象。

> **说明：** echo 并不是一个函数，因此并不一定需要使用小括号来指明参数，通常直接使用单引号或双引号来指明需要输出的字符串。

【**实例 2 - 8(10_Echo_Output. php)**】 使用 echo 输出信息"使用 echo 输出字符串"。实例代码如下。

```php
<?php
    //设置编码格式,正确显示中文
    header("content - Type: text/html; charset = gb2312");
    echo '使用 echo 输出字符串';     //使用 echo 输出字符串
?>
```

运行结果如图 2 - 8 所示。

图 2 - 8　echo 输出

2. print

在 PHP 中，可以使用 print 输出一个字符串，语法格式如下。

```
int print(string $arg);
```

print 的返回值总为 1，其中 $arg 为要输出的字符串对象。

> **说明：** 1. print 同样不是一个函数，因此并不一定需要使用小括号来指明参数，通常直接使用单引号或双引号来指明需要输出的字符串。
> 　　2. print 和 echo 的作用基本一样，两者之间的区别在于 echo 没有返回值，而 print 总是返回 1，因此 echo 的执行速度相对来说稍快一些。

【**实例 2 - 9(11_Print_Output. php)**】 使用 print 输出信息"使用 print 输出字符串"。实例代码如下。

```php
<?php
    //设置编码格式,正确显示中文
    header("content - Type: text/html; charset = gb2312");
    print '使用 print 输出字符串';     //使用 print 输出字符串
?>
```

运行结果如图2-9所示。

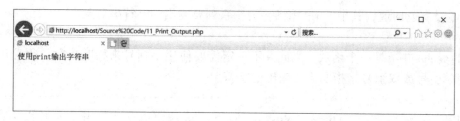

图2-9　print 输出

3. printf( )

在 PHP 中，可以使用 printf( ) 函数输出格式化的字符串，语法格式如下。

```
int printf(string $format[, mixed $arg1[, mixed $…]]);
```

printf( ) 函数的返回值为字符串长度，其中 $format 为需要输出的字符串，需要使用类型指示符指明输出的格式（常用的类型指示符见表2-1）；$arg1 和 $…为可选参数，用于指定一系列要输出的对象。

表2-1　常用的类型指示符

指 示 符	描 述
%b	将参数当作整数，并显示为二进制数
%c	将参数当作整数，并显示为对应的 ASCII 字符
%d	将参数当作整数，并显示为有符号的十进制数
%f	将参数当作浮点数，并显示为浮点数
%o	将参数当作整数，并显示为八进制数
%s	将参数当作字符串，并显示为字符串
%u	将参数当作整数，并显示为无符号的进制数
%x	将参数当作整数，并显示为小写的十六进制数
%X	将参数当作整数，并显示为大写的十六进制数

【实例2-10(12_Printf_Output. php)】　定义两个整型变量1和2，并计算两者之和，然后使用 printf( ) 函数输出信息 "1+2=3"。实例代码如下。

```php
<?php
    //设置编码格式,正确显示中文
    header("content-Type: text/html; charset=gb2312");
    $num1 = 1;    //定义一个整型变量
    $num2 = 2;    //定义一个整型变量
    //计算" $num1"与" $num2"之和
    $sum = $num1 +$num2;
    //使用 printf()函数输出格式化的字符串
    printf('% d +% d = % d', $num1, $num2, $sum);
?>
```

运行结果如图 2 - 10 所示。

图 2 - 10　printf( )输出

4. print_r( )

在 PHP 中，可以使用 print_r( )函数输出数组结构，语法格式如下。

```
bool print_r (mixed $expression [, bool $return]);
```

其中，$expression 为需要输出的数组对象。$return 为可选参数，用于指定函数的返回值，默认值为 false，表示返回 1，并直接输出数据结构；若设置为 true，则表示返回一个由数据结构组成的字符串。

> 说明：如果 $expression 为整型或字符串型等类型的变量，则输出该变量本身；如果 $expression 为数组，则按键值和元素的顺序输出该数组中的所有元素。

【实例 2 - 11(13_Printr_Output. php)】　使用 print_r( )函数输出数组"Array([0] => this [1] => is [2] => an [3] => array)"的结构。实例代码如下。

```php
<?php
    //设置编码格式,正确显示中文
    header("content-Type: text/html; charset=gb2312");
    $arr = array('this', 'is', 'an', 'array');      //定义一个数组变量
    print_r($arr);      //使用 print_r()函数输出数组结构
?>
```

运行结果如图 2 - 11 所示。

图 2 - 11　print_r( )输出

2.4　数 据 类 型

在 PHP 中共有八种原始数据类型，包括 boolean、string、integer 和 float 四种标量数据类型，array 和 object 两种复合数据类型，以及 resource 和 null 两种特殊数据类型。

2.4.1 标量数据类型

标量数据类型是数据结构中最基本的单元，即只能在其中存储一个数据。

在 PHP 中，可以使用 boolean、string、integer 和 float 四种标量数据类型。

1. boolean

boolean（布尔型）数据类型用于存放一个 true（真）或 false（假）值，其中 true 和 false 为 PHP 的内部关键字。

布尔型数据类型主要用于应用程序的逻辑运算，大多使用在条件控制语句或循环控制语句的条件表达式中。

> 说明：在 PHP 中，不是只有布尔型值 false 为假，在一些特殊情况下某些非布尔型也会被认为是假，如 0、0.0、'0'、空白字符串（"）和只有声明却没有赋值的数组等。

【实例 2-12(14_Boolean.php)】 定义一个布尔型变量，并使用条件控制语句判断变量的值，如果为 true，则输出"变量为真"，否则输出"变量为假"。实例代码如下。

```php
<?php
    //设置编码格式,正确显示中文
    header("content-Type: text/html; charset=gb2312");
    $boo = true;    //定义一个布尔型变量,并赋值为"true"
    //判断 $boo 的值是否为 true
    if( $boo == true)
        echo'变量 $boo 为真';    //显示信息
    else
        echo'变量 $boo 为假';    //显示信息
?>
```

运行结果如图 2-12 所示。

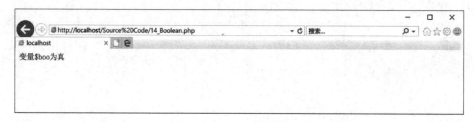

图 2-12 boolean 数据类型

【定义字符串】

2. string

string（字符串型）数据类型用于存放一个连续的字符序列，即由一连串字符组成的字符串，而这些字符可以是数字、字母、汉字或符号。

在 PHP 中，定义字符串的方法有单引号（'）、双引号（"）和界定符（<<<）三种。

（1）单引号。使用单引号定义字符串，即使用一对"'"将字符串的字符包含在内。

【实例 2 - 13（15_Single_Quote. php）】 使用单引号定义并输出一个字符串型变量"this is a string"。实例代码如下。

```php
<?php
    //设置编码格式,正确显示中文
    header("content - Type: text/html; charset = gb2312");
    //定义一个字符串型变量,并赋值为"this is a string"
    $str = 'this is a string';
    echo $str;    //显示信息
?>
```

运行结果如图 2 - 13 所示。

图 2 - 13 单引号定义字符串

（2）双引号。使用双引号定义字符串，即使用一对""将字符串的字符包含在内。

【实例 2 - 14（16_Double_Quote. php）】 使用双引号定义并输出一个字符串型变量"this is a string"。实例代码如下。

```php
<?php
    //设置编码格式,正确显示中文
    header("content - Type: text/html; charset = gb2312");
    //定义一个字符串型变量,并赋值为"this is a string"
    $str = "this is a string";
    echo $str;    //显示信息
?>
```

运行结果如图 2 - 14 所示。

图 2 - 14 双引号定义字符串

虽然使用单引号和双引号都能够定义字符串，但是两者之间在使用上有很大的差异，具体如下。

① 需要转义的字符不同。在单引号定义的字符串中，只需要对单引号"'"进行转义；而

25

在双引号定义的字符串中，还需要对双引号"""、美元符号"$"等关键字符进行转义。

② 变量的输出方式不同。使用单引号定义的字符串中所包含的变量会按照普通字符串输出，而使用双引号定义的字符串中所包含的变量会被自动替换为变量的值。

【实例2-15(17_Single_And_Double.php)】 定义一个字符串型变量"this is a string"，然后分别使用单引号和双引号两种方法输出变量名。实例代码如下。

```php
<?php
    //设置编码格式,正确显示中文
    header("content-Type: text/html; charset=gb2312");
    //定义一个字符串型变量,并赋值为"this is a string"
    $str = 'this is a string';
    echo '使用单引号输出:$str';     //显示信息
    echo '<br/>';     //换行
    echo "使用双引号输出:$str";     //显示信息
?>
```

运行结果如图2-15所示。

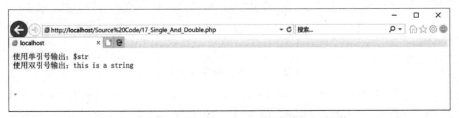

图2-15　单引号和双引号两种输出的区别

> **注意**：使用双引号定义的字符串在执行时，会花费时间来处理字符的转义和变量的解析，因此如果在没有特殊要求的情况下，应尽量使用单引号来定义字符串。

（3）界定符。使用界定符定义字符串，即使用"<<<str str；"将字符串的字符包含在内，其中str为指定的标识符。

【实例2-16(18_Delimiter.php)】 使用界定符定义并输出一个字符串型变量"this is a string"。实例代码如下。

```php
<?php
    //设置编码格式,正确显示中文
    header("content-Type: text/html; charset=gb2312");
    //定义一个字符串型变量,并赋值为"this is a string"
    $str = <<<std
    this is a string
std;
    echo $str;     //显示信息
?>
```

运行结果如图2-16所示。

图2-16 界定符定义字符串

> **注意**：标识符前如果出现其他符号或字符，会发生错误，因此结束标识符必须单独另起一行，而且不允许有空格。

3. integer

integer（整型）数据类型用于存放整数，并且只能存放整数，存放的整数可以为正数或负数，也可以用十进制、八进制或十六进制来表示。

如果需要用八进制来表示整型，那么数字的前面必须加上0；而如果需要用十六进制来表示整型，那么数字的前面必须加上0x。

> **注意**：1. 如果在八进制中出现了非法数字（8和9），那么非法数字及其后的所有数字都会被忽略。
>
> 　　2. 如果数值超过整型所能表示的最大范围（32位操作系统中最大的整型数值为2147483647，64位操作系统中最大的整型数值为9223372036854775807），就会被当作浮点型处理，而这种情况称为整数溢出。

【实例2-17（19_Integer. php）】 分别定义并输出使用不同进制表示的整型变量"1234567890"。实例代码如下。

```php
<?php
    //设置编码格式,正确显示中文
    header("content-Type: text/html; charset=gb2312");
    //定义一个用十进制表示的整型变量
    $num1 = 1234567890;
    //定义一个用八进制表示的整型变量
    $num2 = 01234567890;
    //定义一个用八进制表示的整型变量
    $num3 = 01234567;
    //定义一个用十六进制表示的整型变量
    $num4 = 0x1234567890;
     //显示信息
    echo '数值1234567890 不同进制的输出结果：<br/>';
    echo '十进制的输出结果：'. $num1. '<br/>';
    echo '第一个八进制的输出结果：'. $num2. '<br/>';
    echo '第二个八进制的输出结果：'. $num3. '<br/>';
```

```
echo '十六进制的输出结果:'. $num4;
?>
```

运行结果如图2-17所示。

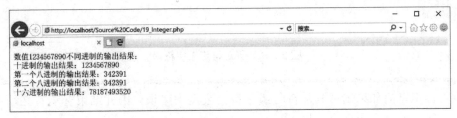

图2-17 不同进制的整型变量

4. float

float（浮点型）数据类型用于存放数值，这个数值可以是超过整型范围的整数，也可以是小数。浮点型数值的书写格式有两种。

（1）标准格式：如3.1415、-34.56。

（2）科学计数格式：如3.456E1、987.65E-3。

> **注意**：在PHP中，浮点型数值只是一个近似值，要尽量避免在浮点型数值之间进行大小比较，因为比较的结果往往是不准确的。

【实例2-18（20_Float.php）】 分别使用标准格式和科学计数格式定义并输出圆周率"3.14159265359"。实例代码如下。

```php
<?php
    //设置编码格式,正确显示中文
    header("content-Type: text/html; charset=gb2312");
    //用标准格式定义一个浮点型变量
    $num1 = 3.14159265359;
    //用科学计数格式定义一个浮点型变量
    $num2 = 314159265359E-11;
    //显示信息
    echo '圆周率的两种书写格式:<br/>';
    echo '标准格式:'. $num1.'<br/>';
    echo '科学计数格式:'. $num2;
?>
```

运行结果如图2-18所示。

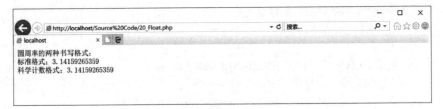

图2-18 不同书写格式的浮点型变量

2.4.2　复合数据类型

复合数据类型存储的是按照一定规则组成的元素类型的数据。

在 PHP 中，可以使用 array 和 object 两种复合数据类型。

1. array

array（数组）是一组数据的集合，即将一系列数据组织起来，形成一个可操作的整体，这些数据可以是标量数据、数组、对象和资源等。

数组中的每个数据都被称为一个元素。元素包括索引（键名）和值两个部分。而在 PHP 中索引可以由数值（数字索引）或字符串（关联索引）组成，而值则可以是多种数据类型。

在 PHP 中，定义数组的语法格式有三种。

```
$array = array('value1', 'value2', …);
$array[key] = 'value';
$array = array(key1 =>'value1', key2 =>'value2', …);
```

其中，key 为数组元素的索引；value 为数组元素的值。

【实例 2－19(21_Array. php)】 分别使用三种方法定义数组"Array([0] => this [1] => is [2] => an [3] => array)"，并使用 print_r() 函数输出数组结构。实例代码如下。

```php
<?php
    //设置编码格式,正确显示中文
    header("content－Type: text/html; charset=gb2312");
    $arr1 = array('this', 'is', 'an', 'array');    //定义一个数组
    print_r($arr1);    //输出数组结构
    echo '<br/>';       //换行
    //定义一个数组
    $arr2[0] = 'this';
    $arr2[1] = 'is';
    $arr2[2] = 'an';
    $arr2[3] = 'array';
    print_r($arr2);    //输出数组结构
    echo '<br/>';       //换行
    //定义一个数组
    $arr3 = array(0 =>'this', 1 =>'is', 2 =>'an', 3 =>'array');
    print_r($arr3);    //输出数组结构
?>
```

运行结果如图 2－19 所示。

2. object

object（对象）就是一组数据和与这组数据相关的操作封装在一起而形成的一个实体。

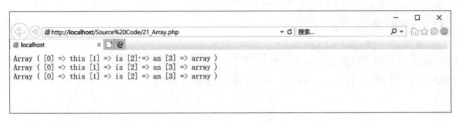

图 2 - 19 定义数组

对象是面向对象的基础概念之一，将在第 7 章面向对象编程中进行详细讲解。

2.4.3 特殊数据类型

在 PHP 中，可以使用 resource 和 null 两种特殊数据类型。

1. resource

resource（资源）是一种特殊变量，又称为句柄，是对外部资源的一个引用，即需要通过专门的函数来建立和使用，主要用于文件操作、连接数据库或创建图形画布区域等。

在 PHP 中，系统会自动启动垃圾回收机制，即自动释放不再使用的资源，避免内存被消耗殆尽，提高应用程序的运行速度。因此，PHP 很少需要手工释放资源。

2. null

null（空值）表示没有为变量设置任何值。在 PHP 中，变量为空值的情况有三种。

（1）在定义变量时，没有为变量赋任何值。

（2）变量被赋值为空值。

（3）被 unset( ) 函数处理过的变量。

> **说明：** 在 PHP 中，空值不区分大小写，即 null 和 NULL 的效果是一样的。

【实例 2 - 20(22_Null. php)】　分别使用三种方法将变量设置为空值，然后对变量进行检测，如果为空则输出"变量为空值"。实例代码如下。

```php
<?php
    //设置编码格式,正确显示中文
    header("content - Type: text/html; charset = gb2312");
    $null1;      //定义一个变量,但不为其赋值
    if (is_null($null1))    //判断变量是否为空值
        echo' $null1 为空值。<br/>';    //显示结果
    $null2 = null;             //定义一个变量,并为其赋空值
    if (is_null($null2))    //判断变量是否为空值
        echo' $null2 为空值。<br/>';    //显示结果
    $null3 = '空值';          //定义一个变量,并为其赋"空值"
    unset($null3);           //释放变量 $null3
    if (is_null($null3))    //判断变量是否为空值
        echo' $null3 为空值。';             //显示结果
?>
```

运行结果如图 2 - 20 所示。

图 2 - 20　定义空值

2.4.4　检测数据类型

有时根据功能要求，需要检测某个数据属于哪种类型，这时可以通过检测数据类型函数分别针对不同数据类型的数据进行检测，从而判断该数据是否属于某个数据类型，如果符合返回 true，否则返回 false。

针对上述八种数据类型，PHP 分别提供了九种基本的检测数据类型的函数。

（1）is_bool( ) 函数：检测变量是否属于布尔型。

（2）is_string( ) 函数：检测变量是否属于字符串型。

（3）is_numeric( ) 函数：检测变量是否是由数字组成的字符串。

（4）is_integer( ) 函数：检测变量是否属于整型。

（5）is_float( ) 函数：检测变量是否属于浮点型。

（6）is_null( ) 函数：检测变量是否为空值。

（7）is_array( ) 函数：检测变量是否属于数组类型。

（8）is_object( ) 函数：检测变量是否属于对象类型。

（9）is_resource( ) 函数：检测变量是否属于资源类型。

【实例 2 - 21（23_Test_Type. php）】　分别使用检测数据类型函数检测布尔型变量、字符串型变量、由数字组成的字符串型变量、整型变量、浮点型变量、空值和数组。实例代码如下。

```php
<?php
    //设置编码格式,正确显示中文
    header("content - Type: text/html; charset = gb2312");
    $boo = true;              //定义一个布尔型变量
    if (is_bool($boo))        //判断变量是否属于布尔型
        echo' $boo 为布尔型。<br/ >';              //显示结果
    $str = '123';             //定义一个字符串型变量
    if (is_string($str))      //判断变量是否属于字符串型
        echo' $str 为字符串型。<br/ >';            //显示结果
    //判断变量是否是由数字组成的字符串
    if (is_numeric($str))
        //显示结果
        echo' $str 是由数字组成的字符串。<br/ >';
    $num1 = 123;              //定义一个整型变量
```

```
    if (is_integer($str))   //判断变量是否属于整型
        echo' $num1 为整型。<br/>';              //显示结果
    $num2 = 1.23;           //定义一个浮点型变量
    if (is_float($num2))    //判断变量是否属于浮点型
        echo' $float 为浮点型。<br/>';           //显示结果
    $null;                  //定义一个变量,但不为其赋值
    if (is_null($null))     //判断变量是否为空值
        echo' $null 为空值。<br/>';              //显示结果
    $arr = array('this', 'is', 'an', 'array'); //定义一个数组
    if (is_array($arr))     //判断变量是否属于数组类型
        echo' $arr 为数组。';                    //显示结果
?>
```

运行结果如图 2–21 所示。

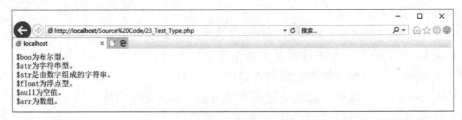

图 2–21　检测数据类型

2.4.5　转换数据类型

虽然 PHP 是一种弱类型的语言，但在实际应用中有时仍需要转换数据类型。在 PHP 中，转换数据类型的方法有两种。

（1）在变量前加上括号，并在括号中写入类型名称。

（2）使用 settype( ) 函数转换数据类型，语法格式如下。

```
bool settype(mixed $var, string $type);
```

settype( ) 函数的返回值为布尔值，即转换成功返回 true，否则返回 false。其中，$var 为需要改变数据类型的变量；$type 为需要变成的数据类型。

【实例 2–22（24_Convert_Type. php）】　分别用两种方法将字符串型变量"123.456"转换为浮点型和整型变量。实例代码如下。

```
<?php
    //设置编码格式,正确显示中文
    header("content-Type: text/html; charset=gb2312");
    $str = '123.456';       //定义一个字符串型变量
    $num = (float) $str;     //将字符串型变量转换为浮点型变量
    if (is_float($num))      //判断变量是否属于浮点型
        echo' $num 为浮点型。<br/>';            //显示结果
    echo ' $num = '. $num.'<br/>';             //显示结果
    //将浮点型变量转换为整型变量
```

```
$boo = settype( $num, 'integer');
if ( $boo)                        //判断是否转换成功
    echo'转换成功！<br/>';                         //显示结果
else
    echo'转换失败！<br/>';                         //显示结果
if (is_integer( $num))      //判断变量是否属于整型
    echo' $num 为整型。<br/>';                    //显示结果
echo ' $num = '. $num;                          //显示结果
? >
```

运行结果如图 2－22 所示。

图 2－22　转换数据类型

> 注意：1. 转换数据类型时，是从最左边的一个字符开始进行转换的，并只转换符合要转换类型要求的部分，即如果出现非法字符，非法字符及其后的字符都会被忽略。例如，浮点型变量转换为整型变量时，小数部分会被舍去；字符串型变量转换为整型或浮点型变量时，如果以数字开头就截取到非数字位，否则为 0。
>
> 　　2. 将变量转换成布尔型时，null 和 0 会被转换为 false，其他则转换为 true；而布尔型变量转换为整型变量时，false 转换为 0，true 转换为 1。

2.5　常　　量

常量存放的是值不变化的、固定的数据，即在脚本的其他任何位置都不能修改常量的值，如圆周率、自然对数底和牛顿引力等。

2.5.1　声明和使用常量

1. 声明常量

在 PHP 中，需要使用 define( ) 函数来声明常量，语法格式如下。

```
bool define(string $name, mixed $value[, bool $case_insensitive]);
```

define( ) 函数，如果声明成功则返回 true，否则返回 false。其中，$name 为常量名；

$value 为常量值；$case_insensitive 为可选参数，用于指定常量名是否大小写敏感。

2. 使用常量

在 PHP 中，获取常量的值有两种方法。

（1）使用常量名直接获取常量值。

（2）使用 constant( ) 函数获取常量值，语法格式如下。

```
mixed constant(string $name);
```

constant( ) 函数的返回值为常量值。其中，$name 为常量名或存储常量名的变量。

> **注意**：如果常量未定义，使用 constant( ) 函数获取常量值时，系统会报出错误提示，因此通常在使用 constant( ) 函数之前需要判断常量是否已经定义。

> **说明**：constant( ) 函数和直接使用常量名输出的效果是一样的，但是使用 constant( ) 函数可以通过变量动态地输出不同的常量值，在使用上要灵活很多。

3. 判断常量是否被定义

在 PHP 中，使用 defined( ) 函数判断常量是否被定义，语法格式如下。

```
bool defined(string $name);
```

defined( ) 函数，如果常量已经被定义则返回 true，否则返回 false。其中，$name 为常量名或存储常量名的变量。

【**实例 2 - 23**（25_Constant. php）】 声明一个值为"常量"的常量，然后判断常量是否被定义，最后分别使用两种方法输出常量值。实例代码如下。

```php
<?php
    //设置编码格式,正确显示中文
    header("content-Type: text/html; charset=gb2312");
    define(CONSTANT, '常量');          //定义一个"常量"
    //定义一个字符串型变量,存放常量名
    $name = 'CONSTANT';
    echo CONSTANT.'<br/>';            //显示结果
    //判断常量是否被定义
    $boo = defined($name);
    if ($boo)
    {
        echo'常量已被定义! <br/>';      //显示结果
        echo constant($name);         //显示结果
    }
?>
```

运行结果如图 2 - 23 所示。

图 2 - 23　常量的声明和使用

2.5.2　预定义常量

在 PHP 中，除了可以声明自定义常量外，还可以使用预定义常量来获取 PHP 中的信息。常用的预定义常量见表 2 - 2。

表 2 - 2　常用的预定义常量

预定义常量	描　　述
__ FILE __	默认常量，PHP 程序文件名
__ LINE __	默认常量，PHP 程序行数
PHP_VERSION	内建常量，PHP 程序的版本
PHP_OS	内建常量，执行 PHP 解析器的操作系统名称
TRUE	真值
FALSE	假值
NULL	空值
E_ERROR	指到最近的错误处
E_WARNING	指到最近的警告处
E_PARSE	指到解析语法有潜在问题处
E_NOTICE	发生不寻常处的提示，但不一定是错误处

注：__ FILE __ 和 __ LINE __ 中的 " __ " 是两条下划线，不是一条下划线。

说明：1. 表 2 - 2 中以 E_ 开头的预定义常量是 PHP 的错误调试部分。如需详细了解，请参考 error_reporting( ) 函数。

2. 使用预定义常量的方法与使用自定义常量的方法相同。

2.6　变　　量

变量与常量正好相反，它存放的是可变的数据，即在程序执行过程中变量的值可以发生变化。

2.6.1 声明和使用变量

在声明变量时，系统会为程序中的每一个变量分配一个存储单元。这些变量都使用"变量名"来标识，即变量名实质上就是计算机内存单元的名称，因此通过变量名即可访问内存中的数据。

在 PHP 中，使用变量之前并不需要进行声明，即只需要为变量赋值，而 PHP 的变量名用"＄"和标识符表示，并且区分大小写。

> **注意**：变量名的标识符不能以数字字符开头，也不能以字母和下划线以外的其他字符开头。

变量赋值就是给变量一个具体的数据值，通常通过赋值运算符实现。在 PHP 中，为变量赋值的方法有三种。

（1）直接赋值：直接将数据值赋值给变量。

（2）变量间赋值：将一个变量的数据值赋值给另一个变量。

（3）引用赋值：使用符号"&"将一个变量的内存地址传给另一个变量，即再为该内存中的数据起一个"别名"。当改变其中一个变量的值时，另一个变量也会随之发生变化。

> **说明**：变量间赋值和引用赋值之间的区别在于，变量间赋值是开辟一个新的内存空间，并复制原变量内容；引用赋值是给原变量内容另起一个变量名，二者使用的是同一内存空间。

【实例 2 - 24(26_Variable.php)】　定义一个值为 str1 的变量 \$str1，然后将该变量的值赋值给另一个变量 \$str2，再将该变量引用给另一个变量 \$str3，最后输出结果。实例代码如下。

```php
<?php
    //设置编码格式,正确显示中文
    header("content - Type: text/html; charset = gb2312");
    $str1 = 'str1';          //直接赋值
    echo '$str1 的值:'. $str1.'<br/>';          //显示结果
    $str2 = $str1;           //变量间赋值
    echo '$str2 的值:'. $str2.'<br/>';          //显示结果
    $str3 = & $str1;         //引用赋值
    echo '$str3 的值:'. $str3.'<br/>';          //显示结果
    $str1 = 'str2';          //修改变量的值
    echo '$str1 的值:'. $str1.'<br/>';          //显示结果
    echo '$str2 的值:'. $str2.'<br/>';          //显示结果
    echo '$str3 的值:'. $str3;                  //显示结果
?>
```

运行结果如图 2 - 24 所示。

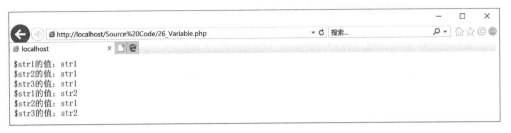

图 2 - 24　变量的赋值

2.6.2　变量的作用域

变量的作用域是指能够使用变量的有效范围。变量必须在其有效范围内使用，否则就会失去其意义。在 PHP 中，变量的作用域有三种。

（1）局部变量：变量定义在函数内部，其作用域为所在函数。

> 注意：局部变量在函数调用结束以后，其存储的数据会被立即清除，内存空间也会被释放。

【局部变量和
全局变量】

（2）全局变量：变量定义在所有函数以外，其作用域为整个 PHP 文件。

> 注意：如果需要在自定义函数内部使用全局变量，那么要使用关键字 global 在调用全局变量时进行声明。

（3）静态变量：能够在函数调用结束之后保留变量值，当再次回到其作用域时，可以继续使用保留的变量值。

> 注意：静态变量需要使用关键字 static 进行声明。

【实例 2 - 25（27_Scope. php）】　在函数内外定义并输出变量名相同的局部变量"局部变量：调用函数时输出。"和全局变量"全局变量：在函数以外输出。"。实例代码如下。

【静态变量】

```php
<?php
    //设置编码格式,正确显示中文
    header("content - Type: text/html; charset = gb2312");
    //定义一个全局变量
    $str = '全局变量:在函数以外输出。';
    //定义一个自定义函数
    function example()
    {
        //定义一个局部变量
```

```
        $str = '局部变量:调用函数时输出。';
        echo $str.'<br/>';        //显示结果
    }
    example();                    //调用函数
    echo $str;                    //显示结果
?>
```

运行结果如图 2 - 25 所示。

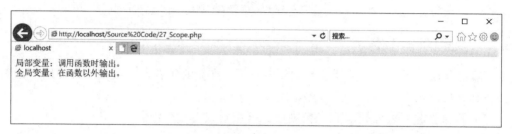

图 2 - 25　变量的作用域

【实例 2 - 26(28_Global_Variable. php)】　在自定义函数内使用并输出值为"全局变量"的全局变量。实例代码如下。

```
<?php
    //设置编码格式,正确显示中文
    header("content - Type: text/html; charset = gb2312");
    $str = '全局变量';      //定义一个全局变量
    //定义一个自定义函数
    function example()
    {
        echo '直接使用全局变量:'. $str.'<br/>';      //显示结果
        global $str;          //使用关键字 global 调用全局变量
        echo '通过 global 使用全局变量:'. $str;      //显示结果
    }
    example();              //调用函数
?>
```

运行结果如图 2 - 26 所示。

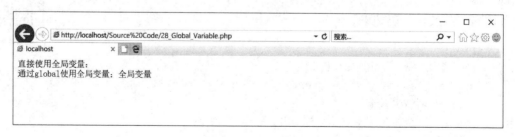

图 2 - 26　全局变量

【实例 2 - 27(29_Static_Variable. php)】　分别使用普通变量和静态变量在自定义函数中输出递增数字。实例代码如下。

```php
<?php
    //设置编码格式,正确显示中文
    header("content-Type: text/html; charset=gb2312");
    //定义一个自定义函数
    function example1()
    {
        $num = 0;                //定义一个普通变量
        $num++;                  //递增
        echo $num.' ';           //显示结果
    }
    //定义一个自定义函数
    function example2()
    {
        static $num = 0;         //定义一个静态变量
        $num++;                  //递增
        echo $num.' ';           //显示结果
    }
    echo'普通变量输出:';          //显示结果
    //循环10次
    for ($i = 0; $i < 10; $i++)
    {
        example1();              //调用函数
    }
    echo'<br/>静态变量输出:';     //显示结果
    //循环10次
    for ($i = 0; $i < 10; $i++)
    {
        example2();              //调用函数
    }
?>
```

运行结果如图2-27所示。

图2-27　静态变量

2.6.3　可变变量

可变变量是一种非常特殊的变量。它允许动态地改变一个变量的名称,即可变变量的名称由另一个变量的值来确定。

【可变变量】

在 PHP 中，在变量的前面再加上符号"$"即可实现可变变量。

【实例 2 - 28(30_Variable_Variable. php)】　定义并输出一个值为"可变变量"的可变变量。实例代码如下。

```php
<?php
    //设置编码格式,正确显示中文
    header("content - Type: text/html; charset = gb2312");
    $str1 = 'str2';              //定义一个字符串型变量
    $str2 ='可变变量';          //定义一个字符串型变量
    echo '$str1 的值:'. $str1. '<br/>';      //显示结果
    echo '$str2 的值:'. $$str1. '<br/>';    //显示结果
?>
```

运行结果如图 2 - 28 所示。

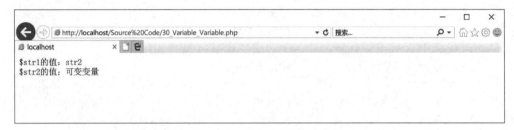

图 2 - 28　可变变量

> 说明：$$str1 为可变变量，在执行时，首先将 $str1 解析为值 str2，然后解析 $str2，最后将值输出。

2.6.4　预定义变量

在 PHP 中，除了可以使用自定义变量外，还可以使用预定义变量来获取用户会话、用户操作系统环境和本地操作系统环境等信息。常用的预定义变量见表 2 - 3。

表 2 - 3　常用的预定义变量

预定义变量	描　　述
$_SERVER［'SERVER_ADDR'］	当前运行脚本所在服务器的 IP 地址
$_SERVER［'SERVER_NAME'］	当前运行脚本所在服务器的主机名
$_SERVER［'SERVER_POST'］	服务器所使用的端口
$_SERVER［'SERVER_SIGNATURE'］	包含服务器版本和虚拟主机名的字符串
$_SERVER［'REQUEST_METHOD'］	访问页面时的请求方法
$_SERVER［'REMOTE_ADDR'］	正在浏览当前页面用户的 IP 地址
$_SERVER［'REMOTE_HOST'］	正在浏览当前页面用户的主机名

续表

预定义变量	描　　述
$_SERVER〔'REMOTE_PORT'〕	用户连接到服务器时所使用的端口
$_SERVER〔'SCRIPT_FILENAME'〕	当前执行脚本的绝对路径名
$_SERVER〔'DOCUMENT_ROOT'〕	当前运行脚本所在的文档根目录
$_COOKIE	通过 HttpCookie 传递到脚本的信息
$_SESSION	包含与所有会话变量有关的信息
$_POST	包含通过 POST 方法传递的参数的相关信息
$_GET	包含通过 GET 方法传递的参数的相关信息
$GLOBALS	由所有已定义全局变量组成的数组

2.7　运　算　符

运算符是用来对变量、常量或数据进行算术运算或逻辑运算的符号。PHP 中主要有算术运算符、字符串运算符、赋值运算符、逻辑运算符、比较运算符、错误控制运算符、三元运算符和位运算符等多种运算符。

2.7.1　算术运算符

算术运算符就是处理算术运算的符号，即对数字数据进行加、减、乘、除和取余等运算。算术运算符是数字处理中应用最多的、最常用的运算符。PHP 中的算术运算符见表 2-4。

表 2-4　PHP 中的算术运算符

运　算　符	说　　明	示　　例
+	加法运算符	$a + $b
-	减法运算符	$a - $b
*	乘法运算符	$a * $b
/	除法运算符	$a / $b
%	取余运算符	$a % $b
++	递增运算符	$a++、++$a
--	递减运算符	$a--、--$a

> **说明**：1. 使用"%"取余时，如果被除数（$a）是负数，那么得到的结果也是负数。
>
> 　　2. 递增、递减运算符有两种使用方法，一种是将运算符放在变量后面，即先返回变量的当前值，再将变量的当前值增加或减少1；另一种是将运算符放在变量前面，即先将变量增加或减少1，再赋值给原变量。

【实例 2-29（31_Arithmetic_Operator.php）】 使用算术运算符对四个值分别为 10、5、3、2 的变量进行算术运算。实例代码如下。

```php
<?php
    //设置编码格式,正确显示中文
    header("content-Type: text/html; charset=gb2312");
    $num1 = 10;      //定义一个整型变量
    $num2 = 5;       //定义一个整型变量
    $num3 = 3;       //定义一个整型变量
    $num4 = 2;       //定义一个整型变量
    //显示结果
    echo '$num1 = '.$num1.', $num2 = '.$num2.', $num3 = '.$num3.', $num4 = '.
      $num4.'<br/>';
    echo '$num1 + $num2 = '.($num1 + $num2).'<br/>';
    echo '$num1 - $num2 = '.($num1 - $num2).'<br/>';
    echo '$num3 * $num4 = '.($num3 * $num4).'<br/>';
    echo '$num1 / $num4 = '.($num1 / $num4).'<br/>';
    echo '$num1 % $num3 = '.($num1 % $num3).'<br/>';
    echo '$num1++ = '.$num1++.'<br/>';
    echo '$num2-- = '.$num2--.'<br/>';
    echo '++$num3 = '.++$num3.'<br/>';
    echo '--$num4 = '.--$num4;
?>
```

运行结果如图 2-29 所示。

图 2-29　算术运算符

2.7.2 字符串运算符

字符串运算符的作用是将两个字符串连接起来，并结合成一个新的字符串。PHP 中字符串运算符只有一个，即英文句号"."。

> **注意：** 与 C 语言和 Java 语言不同，PHP 中的"+"只能作为算术运算符使用，不能作为字符串运算符。

【实例 2 - 30（32_String_Operator. php）】 使用字符串运算符连接值为"字符串"和"运算符"的两个字符串型变量，并输出合成的新字符串。实例代码如下。

```php
<?php
    //设置编码格式,正确显示中文
    header("content - Type: text/html; charset = gb2312");
    $str1 = '字符串';      //定义一个字符串型变量
    $str2 = '运算符';      //定义一个字符串型变量
    //显示结果
    echo ' $str1 = '. $str1. ', $str2 = '. $str2. '<br/>';
    echo ' $str1. $str2 = '. ( $str1. $str2);
?>
```

运行结果如图 2 - 30 所示。

图 2 - 30 字符串运算符

2.7.3 赋值运算符

赋值运算符的作用是将右边的值赋值给左边的变量。PHP 中的赋值运算符见表 2 - 5。

表 2 - 5 PHP 中的赋值运算符

运　算　符	说　　明	示　　例	展　开　形　式
=	赋值	$a = $b	$a = $b
+=	加赋值	$a += $b	$a = $a + $b
-=	减赋值	$a -= $b	$a = $a - $b
*=	乘赋值	$a *= $b	$a = $a * $b
/=	除赋值	$a /= $b	$a = $a / $b
%=	取余赋值	$a %= $b	$a = $a % $b
.=	连接赋值	$a .= $b	$a = $a. $b

【**实例 2-31 (33_Assignment_Operator. php)**】 使用赋值运算符为变量赋值,然后输出赋值后的结果。实例代码如下。

```php
<?php
    //设置编码格式,正确显示中文
    header("content-Type: text/html; charset=gb2312");
    $num = 1;          //将 1 赋值给变量 $num
    echo '$num = '. $num. '<br/>';             //显示结果
    $num += 1;        //将 $num 加 1 后赋值给 $num
    echo '$num += 1 的结果:'. $num. '<br/>';  //显示结果
    $num -= 1;        //将 $num 减 1 后赋值给 $num
    echo '$num -= 1 的结果:'. $num. '<br/>';  //显示结果
    $num *= 2;        //将 $num 乘 2 后赋值给 $num
    echo '$num *= 2 的结果:'. $num. '<br/>';  //显示结果
    $num /= 2;        //将 $num 除 2 后赋值给 $num
    echo '$num /= 2 的结果:'. $num. '<br/>';  //显示结果
    //将 $num 除 2 取余后赋值给 $num
    $num %= 2;
    echo '$num %= 2 的结果:'. $num. '<br/>';  //显示结果
    $str = '赋值';                        //定义一个字符串型变量
    echo '$str = '. $str. '<br/>';            //显示结果
    //将 $str 连接运算符后赋值给 $str
    $str .= '运算符';
    echo '$str .= \'运算符\'的结果:'. $str;   //显示结果
?>
```

运行结果如图 2-31 所示。

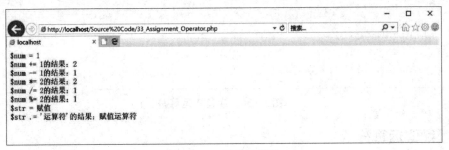

图 2-31   赋值运算符

2.7.4   逻辑运算符

逻辑运算符的作用是将多个逻辑命题连接成更复杂的逻辑命题,从而进行实现逻辑判断,主要用在条件控制语句的判断表达式中。PHP 中的逻辑运算符见表 2-6。

表 2-6   PHP 中的逻辑运算符

运 算 符	说 明	示 例	结果为真
&& 或 and	与	$a && $b 或 $a and $b	$a 和 $b 都为真
|| 或 or	或	$a || $b 或 $a or $b	$a 为真或 $b 为真
xor	异或	$a xor $b	$a、$b 一真一假
!	非	! $a	$a 为假

注意：&& 与 and、|| 与 or 虽然能够进行同样的逻辑运算，但是它们之间的优先级是不同的。

【实例 2 - 32（34_Logical_Operator.php）】　使用逻辑运算符对 true 和 false 进行不同组合的逻辑判断。实例代码如下。

```php
<?php
    //设置编码格式,正确显示中文
    header("content - Type: text/html; charset = gb2312");
    $bool = true;      //定义一个布尔型变量
    $boo2 = false;     //定义一个布尔型变量
    //显示结果
    echo '$bool = '.var_export($bool, true).', $boo2 = '.var_export($boo2,
        true).'<br/>';
    echo '$bool && $boo2 = '.var_export($bool && $boo2, true).'<br/>';
    echo '$bool && $bool = '.var_export($bool && $bool, true).'<br/>';
    echo '$boo2 && $boo2 = '.var_export($boo2 && $boo2, true).'<br/>';
    echo '$bool || $boo2 = '.var_export($bool || $boo2, true).'<br/>';
    echo '$bool || $bool = '.var_export($bool || $bool, true).'<br/>';
    echo '$boo2 || $boo2 = '.var_export($boo2 || $boo2, true).'<br/>';
    echo '$bool xor $boo2 = '.var_export($bool xor $boo2, true).'<br/>';
    echo '$bool xor $bool = '.var_export($bool xor $bool, true).'<br/>';
    echo '$boo2 xor $boo2 = '.var_export($boo2 xor $boo2, true).'<br/>';
    echo '! $bool = '.var_export(! $bool, true);
?>
```

运行结果如图 2 - 32 所示。

图 2 - 32　逻辑运算符

2.7.5　比较运算符

比较运算符的作用是对变量或表达式的结果进行大小、真假等的比较。如果比较结果为真，则返回 true；如果比较结果为假，则返回 false。PHP 中的比较运算符见表 2 - 7。

表 2-7　PHP 的比较运算符

运　算　符	说　　明	示　　例
<	小于	$a < $b
>	大于	$a > $b
<=	小于等于	$a <= $b
>=	大于等于	$a >= $b
==	相等	$a == $b
! =	不等	$a ! = $b
===	恒等	$a === $b
! ==	非恒等	$a ! == $b

> **说明**：恒等"==="表示变量不仅在数值上相等，而且数据类型也是一致的；非恒等"!=="表示变量数值或数据类型不同。

【实例 2-33(35_Comparison_Operator. php)】　使用比较运算符比较值为 3 变量和不同数值之间的大小。实例代码如下。

```php
<?php
    //设置编码格式,正确显示中文
    header("content-Type: text/html; charset=gb2312");
    $num = 3;    //定义一个整型变量
    //显示结果
    echo '$num = '. $num. '<br/>';
    echo '$num < 4 的结果:'.var_export($num < 4, true).'<br/>';
    echo '$num > 2 的结果:'.var_export($num > 2, true).'<br/>';
    echo '$num <= 4 的结果:'.var_export($num <= 4, true).'<br/>';
    echo '$num >= 2 的结果:'.var_export($num >= 2, true).'<br/>';
    echo '$num == 3 的结果:'.var_export($num == 3, true).'<br/>';
    echo '$num ! = 2 的结果:'.var_export($num! = 2, true).'<br/>';
    echo '$num === 3 的结果:'.var_export($num === 3, true).'<br/>';
    echo '$num ! == \'3\'的结果:'.var_export($num ! == '3', true);
?>
```

运行结果如图 2-33 所示。

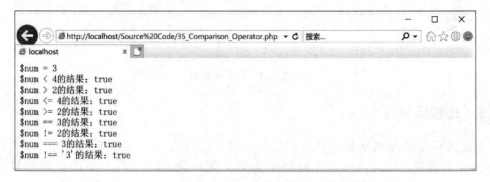

图 2-33　比较运算符

2.7.6　错误控制运算符

错误控制运算符是 PHP 中独特的一种运算符，其作用是对程序中出现错误的表达式进行操作，即对错误信息进行屏蔽。在 PHP 中，在错误的表达式前面加上错误控制运算符"@"即可屏蔽错误信息。

> **注意**：错误控制运算符只能屏蔽错误信息，不能真正地解决错误。因此错误控制运算符通常用来屏蔽一些不影响程序运行的非必要错误信息，而影响程序运行的重要错误信息不推荐使用。

【**实例 2 - 34（36_Error_Control_Operator. php）**】　使用错误控制运算符屏蔽错误信息。实例代码如下。

```php
<?php
    //设置编码格式,正确显示中文
    header("content-Type: text/html; charset=gb2312");
    $num1 = (5 / 0);      //定义一个整型变量
    $num2 = @ (5 / 0);    //定义一个整型变量
?>
```

运行结果如图 2 - 34 所示。

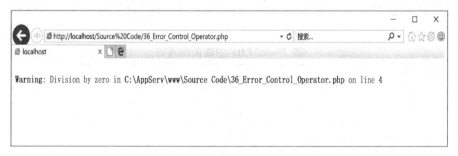

图 2 - 34　错误控制运算符

2.7.7　三元运算符

三元运算符，也称三目运算符，其作用是根据一个表达式在另外两个表达式中选择一个来执行，语法格式如下。

表达式1? 表达式2:表达式3;

如果表达式 1 的结果为真，执行表达式 2；如果表达式 1 的结果为假，则执行表达式 3。

> **说明**：三元运算符最好放在括号中使用。

【**实例 2 - 35（37_Ternary_Operator. php）**】　使用三元运算符分别返回"表达式 1 为真"和"表达式 1 为假"两种不同结果。实例代码如下。

47

```php
<?php
    //设置编码格式,正确显示中文
    header("content-Type: text/html; charset=gb2312");
    //显示结果
    echo (true? '表达式1为真':'表达式1为假');
    echo '<br/>';
    echo (false? '表达式1为真':'表达式1为假');
?>
```

运行结果如图2-35所示。

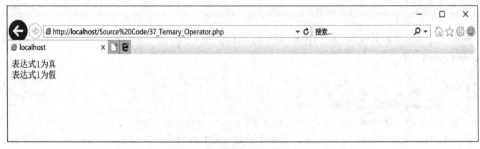

图2-35 三元运算符

2.7.8 位运算符

位运算符的作用是将二进制位从低位到高位对齐后进行运算。PHP中的位运算符见表2-8。

表2-8 PHP中的位运算符

运 算 符	说 明	示 例
&	按位与	$a & $b
|	按位或	$a | $b
^	按位异或	$a ^ $b
~	按位取反	~ $a
<<	向左移位	$a << $b
>>	向右移位	$a >> $b

【实例2-36(38_Bitwise_Operator. php)】 使用位运算符对值为13和10的整型变量按位进行运算。实例代码如下。

```php
<?php
    //设置编码格式,正确显示中文
    header("content-Type: text/html; charset=gb2312");
    $num1 = 13;      //定义一个整型变量
    $num2 = 11;      //定义一个整型变量
    //显示结果
    echo '$num1 = '. $num1.', $num2 = '. $num2.'<br/>';
    echo '$num1 & $num2 = '. ($num1 & $num2).'<br/>';
    echo '$num1 | $num2 = '. ($num1 | $num2).'<br/>';
```

```
echo ' $num1 ^ $num2 = '. ( $num1 ^ $num2).'<br/>';
echo ' ~$num1 = '. (~$num1).'<br/>';
echo ' $num1 << 1 = '. ( $num1 << 1).'<br/>';
echo ' $num1 >> 1 = '. ( $num1 >> 1);
? >
```

运行结果如图2-36所示。

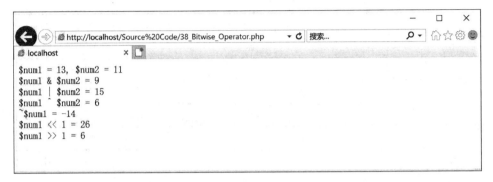

图2-36 位运算符

> **说明：** 13的二进制原码为0000 1101，11的二进制原码为0000 1011，9的二进制原码为0000 1001，15的二进制原码为0000 1111，6的二进制原码为0000 0110，－14的二进制补码为1111 0010，26的二进制原码为0001 1010。

2.7.9 运算符的优先级

表达式可能是由多个不同的运算符连接起来的，不同的运算符顺序可能得出不同结果，甚至出现运算错误，因此必须按一定顺序进行结合，才能保证运算的合理性和结果的正确性、唯一性。

运算符优先级就是在表达式中哪一个运算符先计算、哪一个运算符后计算，其遵循的规则如下。

（1）优先级高的操作先执行，优先级低的操作后执行。

（2）同一优先级的操作按照从左到右的顺序执行。

（3）括号内的操作最先执行。

> **说明：** 由于括号的优先级最高，因此在运算符较多的表达式中，不妨多使用括号。

在PHP中，运算符的优先级见表2-9。

表2-9 运算符的优先级

优 先 级 别	运 算 符	结 合 方 向
1	++、－－、~、@	右
2	!	右

续表

优 先 级 别	运 算 符	结 合 方 向
3	*、/、%	左
4	+、-	左
5	<<、>>	左
6	<、<=、>、>=	无
7	==、!=、===、!==	无
8	&	左
9	^	左
10			左
11	&&	左
12	||	左
13	?:	左
14	=、+=、-=、*=、/=、.=、%=	右
15	and	左
16	xor	左
17	or	左

说明：优先级别的数值越小，运算符的优先级越高。

2.8 表 达 式

表达式是通过具体的代码来实现的，即由多个符号集合起来组成的代码，是构成 PHP 程序语言的基本元素，也是 PHP 最重要的组成元素。

组成表达式的符号是对 PHP 解释程序有具体含义的最小单元，可以是变量名、函数名、运算符和数值等。

表达式和语句之间的区别在于分号";"，即一个表达式之后加上分号后就是一条语句。

注意：在编写程序时，必须注意不要漏写语句的分号";"。

2.9 函 数

函数就是将一些需要重复使用的功能代码写在一个独立的代码块中，并在需要时单独调用。

2.9.1　定义和调用函数

在 PHP 中，使用关键字 function 定义函数，语法格式如下。

```
function fun_name([mixed $arg1[, mixed $…]])
{
    fun_body;
}
```

其中，fun_name 为函数名；$arg1 和 $…为函数的参数；fun_body 为函数的主体，即功能实现代码。

在定义好函数后，只需要使用函数名并赋予正确的参数，即可调用函数，语法格式如下。

```
fun_name([mixed $arg1[, mixed $…]]);
```

其中，fun_ name 为函数名；$arg1 和 $…为赋予函数的参数。

【实例 2 - 37（39_Function. php）】　定义并调用一个函数名为 example( ) 的自定义函数。实例代码如下。

```php
<?php
    //设置编码格式,正确显示中文
    header("content-Type: text/html; charset=gb2312");
    //定义一个函数
    function example($str)
    {
        echo $str;                //显示结果
    }
    example('定义和调用函数');  //调用函数
?>
```

运行结果如图 2 - 37 所示。

图 2 - 37　定义和调用函数

定义函数时，还有一种参数的设置方式，即可选参数，就是可以指定某个参数为可选参数。在 PHP 中，将参数放在参数列表末位，并指定其默认值，即可指定可选参数。

调用函数时，如果设置了可选参数值，那么可选参数的值为调用时的设定值；如果没有设置可选参数值，那么可选参数的值为定义时的默认值。

【实例 2 - 38（40_Optional_Parameter. php）】　定义并调用一个具有可选参数的自定

义函数。实例代码如下。

```php
<?php
    //设置编码格式,正确显示中文
    header("content-Type: text/html; charset=gb2312");
    //定义一个函数。
    function example($num1, $num2 = 2)
    {
        //显示结果
        echo '$num1 = '.$num1.', $num2 = '.$num2.'<br/>';
        echo '$num1 * $num2 * 2 = '.($num1 * $num2 * 2);
    }
    echo 'exmaple(1, 3)<br/>';        //显示结果
    example(1, 3);                    //调用函数
    echo '<br/>';                     //换行
    echo 'exmaple(1)<br/>';           //显示结果
    example(1);                       //调用函数
?>
```

运行结果如图 2-38 所示。

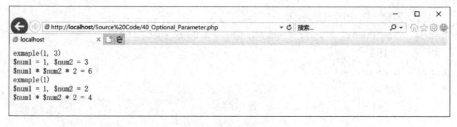

图 2-38　可选参数

2.9.2　函数间的数据传递

【形参和实参】

　　在定义和调用函数时存在两种参数:形参和实参。形参是定义函数时定义的参数,实参是调用函数时传入的参数。也就是说,调用函数时,需要将实参的值传递给形参。在 PHP 中,实参与形参之间数据传递的方式有按值传递和按引用传递两种。

　1. 按值传递

　　按值传递就是将实参的值赋值于对应的形参,在函数主体的操作都是针对形参进行的,操作的结果不会影响实参,即函数返回之后,实参的值不会改变。

　　【实例 2-39(41_Pass_By_Value.php)】　使用按值传递的方式定义并调用一个自定义函数。实例代码如下。

```php
<?php
    //设置编码格式,正确显示中文
    header("content-Type: text/html; charset=gb2312");
```

```
//定义一个函数
function example($num)
{
    $num * = 2;      //进行算术运算
    echo'形参：$num = '. $num. '<br/>';   //显示结果
}
$num = 1;           //定义一个整型变量
echo '实参：$num = '. $num. '<br/>';      //显示结果
example($num);      //调用函数
echo '函数调用之后的实参：$num = '. $num;  //显示结果
?>
```

运行结果如图2-39所示。

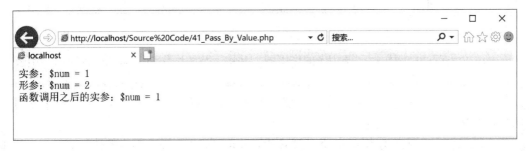

图2-39　按值传递

2. 按引用传递

按引用传递就是将实参的内存地址传递给对应的形参，在函数主体针对形参进行的操作都会影响实参，即函数返回之后，实参的值会发生改变。引用传递参数的方式需要在定义函数时在形参前面加上符号"&"。

【实例2-40(42_Pass_By_Quote. php)】　使用按引用传递的方式定义并调用一个自定义函数。实例代码如下。

```
<?php
    //设置编码格式，正确显示中文
    header("content-Type: text/html; charset=gb2312");
    //定义一个函数。
    function example(& $num)
    {
        $num * = 2;      //进行算术运算
        echo'形参：$num = '. $num. '<br/>';   //显示结果
    }
    $num = 1;           //定义一个整型变量
    echo '实参：$num = '. $num. '<br/>';      //显示结果
    example($num);      //调用函数
    echo '函数调用之后的实参：$num = '. $num;  //显示结果
?>
```

运行结果如图 2-40 所示。

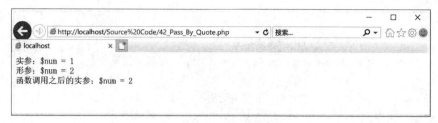

图 2-40　按引用传递

2.9.3　函数的返回值

在实际开发中，经常需要将函数的操作结果返回给调用者。在 PHP 中，通常使用关键字 return 来返回函数的操作结果，语法格式如下。

```
return mixed $value;
```

return 会将程序控制权返回调用者的作用域，并将函数的操作结果 $value 返回给调用者。

> **注意**：1. 关键字 return 只能返回一个值，如果需要函数返回多个值，可以使用数组来返回值。
>
> 2. 如果在全局作用域中使用关键字 return，那么会终止脚本的执行。

【**实例 2-41(43_Return_Value. php)**】　定义并调用一个自定义函数，并获取函数的返回值。实例代码如下。

```php
<?php
    //设置编码格式,正确显示中文
    header("content-Type: text/html; charset=gb2312");
    //定义一个函数
    function example()
    {
        return '函数的返回值';    //返回结果
    }
    $str = example();            //调用函数
    echo $str;                   //显示结果
?>
```

运行结果如图 2-41 所示。

图 2-41　函数的返回值

2.9.4 变量函数

变量函数和可变变量非常相似,可以通过变量来调用,即根据变量的值来调用相应的函数。

在 PHP 中,在变量名后面加上一对小括号,并在其中赋予正确的参数,即可实现变量函数。

【实例 2-42(44_Variable_Function. php)】 定义并调用一个变量函数。实例代码如下。

```php
<?php
    //设置编码格式,正确显示中文
    header("content-Type: text/html; charset = gb2312");
    //定义一个函数
    function example()
    {
        echo '变量函数';        //显示结果
    }
    $str = 'example';          //定义一个字符串型变量
    $str();                    //调用变量函数
?>
```

运行结果如图 2-42 所示。

图 2-42 变量函数

> 说明:$str( ) 为变量函数,在执行时,首先将 $str 解析为值 example,然后调用函数 example( )。

2.9.5 引用函数

函数的引用和变量的引用赋值非常相似,即将函数的内存地址传给一个变量,通过变量即可引用函数。

在 PHP 中,在函数名前加上符号"&",并赋值给变量,即可实现对函数的引用。

> 说明:对函数的引用实际上是对函数返回结果的引用。

【实例 2-43(45_Referencing_Function. php)】 定义一个函数,并对其进行引用。实例代码如下。

```php
<?php
    //设置编码格式,正确显示中文
    header("content-Type: text/html; charset=gb2312");
    //定义一个函数
    function &example()
    {
        return '引用函数';          //返回结果
    }
    $str = &example();            //对函数进行引用
    echo $str;                    //显示结果
?>
```

运行结果如图2-43所示。

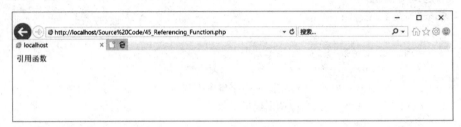

图2-43　引用函数

当不需要对函数继续引用时，可以使用unset()函数取消对函数的引用。

【实例2-44(46_Dereference. php)】　取消对函数的引用。实例代码如下。

```php
<?php
    //设置编码格式,正确显示中文
    header("content-Type: text/html; charset=gb2312");
    //定义一个函数
    function &example()
    {
        return '引用函数';                //返回结果
    }
    $str = &example();                  //对函数进行引用
    echo $str.'<br/>';                  //显示结果
    unset($str);                        //取消引用
    echo $str;                          //显示结果
?>
```

运行结果如图2-44所示。

【变量函数和
引用函数】

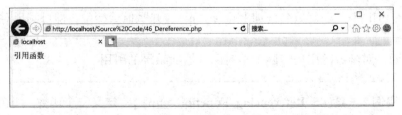

图2-44　取消引用

2.9.4　变量函数

变量函数和可变变量非常相似，可以通过变量来调用，即根据变量的值来调用相应的函数。

在 PHP 中，在变量名后面加上一对小括号，并在其中赋予正确的参数，即可实现变量函数。

【实例 2 − 42(44_Variable_Function. php)】　定义并调用一个变量函数。实例代码如下。

```php
<?php
    //设置编码格式,正确显示中文
    header("content－Type: text/html; charset＝gb2312");
    //定义一个函数
    function example()
    {
        echo '变量函数';      //显示结果
    }
    $str = 'example';        //定义一个字符串型变量
    $str();                  //调用变量函数
?>
```

运行结果如图 2 − 42 所示。

图 2 − 42　变量函数

> 说明：$str( ) 为变量函数，在执行时，首先将 $str 解析为值 example，然后调用函数 example( )。

2.9.5　引用函数

函数的引用和变量的引用赋值非常相似，即将函数的内存地址传给一个变量，通过变量即可引用函数。

在 PHP 中，在函数名前加上符号"&"，并赋值给变量，即可实现对函数的引用。

> 说明：对函数的引用实际上是对函数返回结果的引用。

【实例 2 − 43(45_Referencing_Function. php)】　定义一个函数，并对其进行引用。实例代码如下。

```php
<?php
    //设置编码格式,正确显示中文
    header("content-Type: text/html; charset=gb2312");
    //定义一个函数
    function &example()
    {
        return '引用函数';          //返回结果
    }
    $str = &example();             //对函数进行引用
    echo $str;                     //显示结果
?>
```

运行结果如图 2-43 所示。

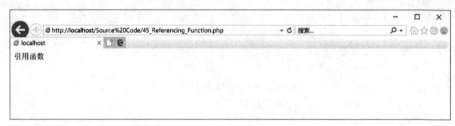

图 2-43　引用函数

当不需要对函数继续引用时,可以使用 unset() 函数取消对函数的引用。

【实例 2-44(46_Dereference. php)】　取消对函数的引用。实例代码如下。

```php
<?php
    //设置编码格式,正确显示中文
    header("content-Type: text/html; charset=gb2312");
    //定义一个函数
    function &example()
    {
        return '引用函数';                    //返回结果
    }
    $str = &example();                       //对函数进行引用
    echo $str.'<br/>';                       //显示结果
    unset($str);                             //取消引用
    echo $str;                               //显示结果
?>
```

运行结果如图 2-44 所示。

【变量函数和
引用函数】

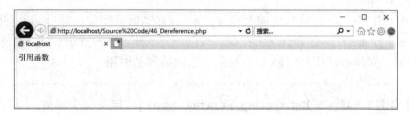

图 2-44　取消引用

2.10 条件控制语句

条件控制语句可以通过对给定的条件进行判断，以决定执行两个或多个分支中的哪一支，从而保证程序流程的逻辑合理性。

在 PHP 中，可以使用 if…else…和 switch 两种条件控制语句。

2.10.1 if…else…

【条件控制语句】

if…else…语句是绝大多数程序设计语言中重要的且常用的条件控制语句，其作用是对条件表达式进行判断，然后根据判断结果，选择执行相应的语句组。

在 PHP 中，if…else…条件控制语句有三种。

（1）if 语句：根据条件表达式的结果，判断是否执行语句组，语法格式如下。

```
if (expr)
{
    statement;
}
```

其中，expr 为条件表达式；statement 为语句组。

如果条件表达式 expr 为真，则执行 statement 语句组；如果条件表达式 expr 为假，则跳过 statement 语句组。

（2）if…else…语句：根据条件表达式的结果，在两个判断语句组中选择执行一个，语法格式如下。

```
if (expr)
{
    statement1;
}
else
{
    statement2;
}
```

其中，expr 为条件表达式；statement1 和 statement2 为语句组。

如果条件表达式 expr 为真，则执行 statement1 语句组；如果条件表达式 expr 为假，则执行 statement2 语句组。

（3）else if 语句：根据多个条件表达式的结果，在两个以上的判断语句组中选择执行一个，语法格式如下。

```
if (expr1)
{
    statement1;
}
else if (expr2)
{
```

```
        statement2;
    }
else
    {
        statement3;
    }
```

其中，expr1 和 expr2 为条件表达式；statement1、statement2、statement3 为语句组。

如果条件表达式 expr1 为真，则执行 statement1 语句组；如果条件表达式 expr1 为假，则判断条件表达式 expr2。如果条件表达式 expr2 为真，则执行 statement2 语句组；如果条件表达式 expr2 为假，则执行 statement3 语句组。

> **说明：** if…else…语句只能选择两种结果，即执行真或假两种语句组。如果选择两种以上的结果时，就需要使用 else if 语句，而 else if 语句可以理解为 if…else…语句的嵌套使用。

【实例 2 - 45(47_If_Statement. php)】 使用 if…else…条件控制语句判断分数段。实例代码如下。

```php
<?php
    //设置编码格式,正确显示中文
    header("content - Type: text/html; charset = gb2312");
    $num = rand(1, 100);            //获取 1~100 的随机数
    echo '分数:'. $num. '<br/>';    //显示结果
    //判断分数段
    if ($num >= 90)
    {
        echo '优秀';                //显示结果
    }
    else if ($num >= 80 && $num < 90)
    {
        echo '良好';                //显示结果
    }
    else if ($num >= 70 && $num < 80)
    {
        echo '中等';                //显示结果
    }
    else if ($num >= 60 && $num < 70)
    {
        echo '及格';                //显示结果
    }
    else
    {
        echo '不及格';              //显示结果
    }
?>
```

运行结果如图2-45所示。

图2-45 if…else…条件控制语句

说明：由于本实例判断的是随机数，因此每次结果都可能不一样。

2.10.2 switch

switch语句可以进行多重判断，因此可以避免需要使用大量else if语句进行多重判断的情况，从而避免条件控制语句过于冗长，提高代码的可读性，语法格式如下。

```
switch (variable)
{
    case value1:
        statement1;
        break;
    case value2:
        statement2;
        break;
    ...
    default:
        default statement;
}
```

switch语句将variable的值分别与case中的value进行比较，如果两者不相等，则继续查找下一个case；如果两者相等，则执行相应的statement语句组和break语句；如果没有与variable相等的case，则执行default statement语句组。

> **注意**：如果case语句组中没有break语句，那么switch语句会持续往下执行直到结束。为了避免这种浪费时间和资源的行为，一定要在每个case语句组中加入break语句。

【**实例2-46(48_Switch_Statement. php)**】 使用switch条件控制语句判断分数段。实例代码如下。

```php
<?php
    //设置编码格式,正确显示中文
    header("content-Type: text/html; charset=gb2312");
```

```
$num = rand(1, 100);                    //获取 1~100 的随机数
echo'分数:'. $num. '<br/>';             //显示结果
$var = ($num - ($num % 10)) / 10;       //去掉个位数
//判断分数段
switch ($var)
{
    case 10:                            //如果 $var 等于 10
        echo '优秀';                    //显示结果
        break;                          //跳出
    case 9:                             //如果 $var 等于 9
        echo '优秀';                    //显示结果
        break;                          //跳出
    case 8:                             //如果 $var 等于 8
        echo '良好';                    //显示结果
        break;                          //跳出
    case 7:                             //如果 $var 等于 7
        echo '中等';                    //显示结果
        break;                          //跳出
    case 6:                             //如果 $var 等于 6
        echo '及格';                    //显示结果
        break;                          //跳出
    default:                            //默认值
        echo '不及格';                  //显示结果
}
?>
```

运行结果如图 2-46 所示。

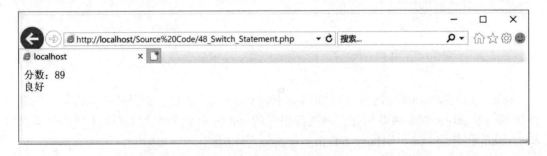

图 2-46 switch 条件控制语句

说明: 由于本实例判断的是随机数,因此每次结果都可能不一样。

2.11 循环控制语句

循环控制语句可以根据给定的条件,多次重复执行某段代码块或函数,从而避免编写烦琐的、重复的代码。

在 PHP 中,可以使用 while、do…while、for 和 foreach 四种循环控制语句。

注意：每种循环都要保证条件表达式的正确性，即保证循环能够结束，死循环（无限期的循环）必然导致程序崩溃。

2.11.1 while

while 语句是最基本的循环控制语句，语法格式如下。

```
while (expr)
{
    statement;
}
```

其中，expr 为条件表达式；statement 为语句组。

如果条件表达式 expr 为真，则执行 statement 语句组。执行结束后，再继续判断条件表达式 expr，直到条件表达式 expr 为假时，才跳出循环。

【实例 2-47（49_While_Statement.php）】 使用 while 循环控制语句输出 10 以内的奇数。实例代码如下。

```php
<?php
    //设置编码格式,正确显示中文
    header("content-Type: text/html; charset=gb2312");
    $num = 1;                  //定义一个整型变量
    echo '10 以内的奇数有:';    //显示结果
    //循环
    while ($num <= 10)
    {
        //判断是否为奇数
        if ($num% 2 == 1)
        {
            echo $num. ' ';    //显示结果
        }
        $num++;                // $num 递增
    }
?>
```

运行结果如图 2-47 所示。

图 2-47　while 循环控制语句

2.11.2 do⋯while

do⋯while 语句是 while 循环控制语句的另一种表示形式，语法格式如下。

```
do
{
    statement;
}
while (expr);
```

其中，expr 为条件表达式；statement 为语句组。

先执行 statement 语句组，执行结束后再判断条件表达式 expr，直到条件表达式 expr 为假时，才跳出循环。

> **注意**：do⋯while 循环控制语句中的 while（expr）后面必须加上分号";"。

> **说明**：do⋯while 循环控制语句和 while 循环控制语句的区别在于，while 循环控制语句是先判断再执行，而 do⋯while 循环控制语句是先执行后判断。因此，do⋯while 循环控制语句比 while 循环控制语句多循环一次。

【实例 2 - 48 (50_Do_While_Statement.php)】 使用 do⋯while 循环控制语句输出 10 以内的奇数。实例代码如下。

```php
<?php
    //设置编码格式,正确显示中文
    header("content - Type: text/html; charset = gb2312");
    $num = 1;       //定义一个整型变量
    echo '10 以内的奇数有:';       //显示结果
    //循环
    do
    {
        //判断是否为奇数
        if ( $num% 2 == 1)
        {
            echo $num. ' ';       //显示结果
        }
        $num ++;                   // $num 递增
    }
    while ( $num <= 10);
?>
```

运行结果如图 2 - 48 所示。

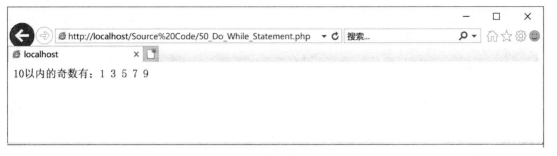

图 2 – 48   **do…while** 循环控制语句

2. 11. 3   for

for 语句是最常用的循环控制语句，语法格式如下。

```
for (expr1; expr2; expr3)
{
    statement;
}
```

其中，expr1 为赋值表达式；expr2 为条件表达式；expr3 为运算表达式。

循环开始前，首先执行赋值表达式 expr1，然后判断条件表达式 expr2，如果条件表达式 expr2 为真，则执行 statement 语句组，执行结束后，执行运算表达式 expr3，直到条件表达式 expr2 为假时，才跳出循环。

【**实例 2 – 49（51_For_Statement. php）**】   使用 for 循环控制语句输出 10 以内的奇数。实例代码如下。

```php
<?php
    //设置编码格式,正确显示中文
    header("content - Type: text/html; charset = gb2312");
    $num = 1;                    //定义一个整型变量
    echo'10 以内的奇数有:';      //显示结果
    //循环
    for ( $num = 1; $num <= 10; $num ++)
    {
        //判断是否为奇数
        if ( $num% 2 == 1)
        {
            echo $num. ' ';      //显示结果
        }
    }
?>
```

运行结果如图 2 – 49 所示。

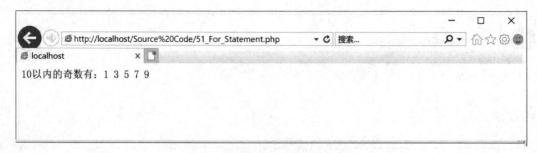

图 2-49　for 循环控制语句

【循环控制语句】

2.11.4　foreach

foreach 语句与上述三种循环控制语句不同，其主要作用是遍历数组，语法格式如下。

```
foreach (array_expression as $value)
{
    statement;
}
```

或

```
foreach (array_expression as $key => $value)
{
    statement;
}
```

其中，array_expression 为需要遍历的数组；" $key" 为数组元素的索引；$value 为数组元素的值；statement 为语句组。

每次循环时，将当前数组元素中的索引赋值给 $key，值赋值给 $value，然后将数组指针向后移动，直到遍历结束。

> 说明：使用 foreach 循环控制语句时，数组指针会自动重置，因此不需要手动设置指针位置。

【实例 2-50（52_Foreach_Statement. php）】　定义一个存放 this、is、an、array 的数组，然后使用 foreach 循环控制语句遍历该数组，并输出每个元素的值。实例代码如下。

```php
<?php
    //设置编码格式,正确显示中文
    header("content-Type: text/html; charset=gb2312");
    $arr = array('this', 'is', 'an', 'array');    //定义一个数组
    print_r($arr);    //输出数组结构
    echo '<br/>数组元素的值:';                        //换行
    //遍历数组
    foreach ($arr as $value)
    {
```

```
        echo $value.' ';                            //显示结果
    }
? >
```

运行结果如图 2 - 50 所示。

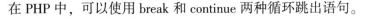

图 2 - 50　foreach 循环控制语句

2.11.5　循环跳出语句

为了避免出现死循环或满足一些特殊功能的需要，有时需要在满足给定条件的前提下跳出循环，这时就需要使用循环跳出语句。

在 PHP 中，可以使用 break 和 continue 两种循环跳出语句。

【循环跳出语句】

1. break

break 循环跳出语句的作用是终止循环，即退出循环体，语法格式如下。

```
break $num;
```

其中，"$num"为可选参数，用于指定终止循环的层数。

【实例 2 - 51（53_Break_Statement. php）】　使用 for 循环控制语句输出 10 以内的奇数，当循环到 5 时，终止循环。实例代码如下。

```
< ? php
    //设置编码格式,正确显示中文
    header("content - Type: text/html; charset = gb2312");
    $num = 1;      //定义一个整型变量
    echo'10 以内的奇数有:';          //显示结果
    //循环
    for ( $num = 1; $num <= 10; $num ++)
    {
        //判断是否等于 5
        if ( $num == 5)
        {
            break;                      //终止循环
        }
        //判断是否为奇数
```

```
        if ($num% 2 == 1)
        {
            echo $num.' ';          //显示结果
        }
    }
? >
```

运行结果如图2-51所示。

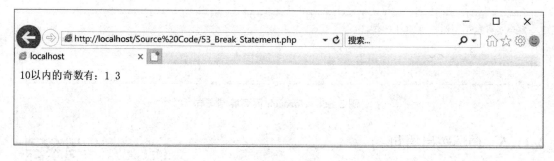

图2-51 break 循环跳出语句

2. continue

continue 循环跳出语句的作用是跳过循环，即跳过本次循环，进入下一次循环，语法格式如下。

```
continue $num;
```

其中，$num 为可选参数，用于指定跳过循环的层数。

【实例2-52(54_Continue_Statement. php)】 使用for 循环控制语句输出 10 以内的奇数，当循环到5时，跳过本次循环。实例代码如下。

```
<?php
    //设置编码格式,正确显示中文
    header("content - Type: text/html; charset =gb2312");
    $num = 1;    //定义一个整型变量
    echo'10 以内的奇数有:';     //显示结果
    //循环
    for ($num = 1; $num <= 10; $num ++)
    {
        //判断是否等于5
        if ($num == 5)
        {
            continue;          //跳过循环
        }
        //判断是否为奇数
        if ($num% 2 == 1)
```

```
        {
            echo $num.' ';           //显示结果
        }
    }
? >
```

运行结果如图 2 - 52 所示。

图 2 - 52　continue 循环跳出语句

2.12　编　码　规　范

编码规范是融合了众多开发人员长期积累的经验，形成的一种良好、统一的编码风格。编码规范能够有效地提高代码的可读性，从而提高团队开发或二次开发的效率、软件的质量和程序的可维护性。

> 说明：本书只介绍一些基本的书写和命名规则，如果读者需要了解更多编码规范，可以参考 Zend Framework 中文参考手册。

2.12.1　书写规则

（1）缩进：在编写代码时，需要使用制表符（Tab 键）对每层代码缩进，即缩进四个空格。

（2）大括号：大括号有两种放置规则。

① 将大括号放置在关键字的下方、同列。

② 将首括号与关键字同行，尾括号与关键字同列。

（3）关键字、小括号、函数和运算符。

① 不要把小括号和关键字紧贴在一起，要用空格隔开。

② 小括号和函数名要紧贴在一起，以便区分关键字和函数名。

③ 除字符连接运算符以外，其他的运算符与两边的变量或表达式之间要有一个空格。

④ 当代码段较大时，段前和段后应加入且只能加入一行空白行。

⑤ 尽量不要在 return 语句中使用小括号。

2.12.2　命名规则

（1）常量：所有字母都大写，并使用"_"作为每个词的分界。

（2）变量/函数：所有字母都小写，并使用"_"作为每个词的分界。

（3）全局变量：全局变量应该使用前缀 g。

（4）静态变量：静态变量应该使用前缀 s。

（5）引用变量/函数：引用变量/函数应该使用前缀 r。

（6）类：使用大写字母作为词的分隔，其他字母小写。

（7）属性：属性应该使用前缀 m，其后使用大写字母作为词的分隔，其他字母小写。

（8）方法：方法应该使用 Is、Get 或 Set 等作为前缀，说明方法的作用，其后使用大写字母作为词的分隔，其他字母小写。

（9）方法中的参数：第一个字母小写，其后使用大写字母作为词的分隔，其他字母小写。

习　　题

1. 填空题

（1）PHP 能够支持_____、_____、_____和_____四种不同风格的标记。

（2）PHP 能够支持_____、_____和_____三种不同的标记方式。

（3）PHP 能够使用_____和_____输出字符串。

（4）PHP 能够使用_____输出数组结构。

（5）PHP 能够使用_____输出格式化的字符串。

（6）在 PHP 中，有_____、_____、_____和_____四种标量数据类型。

（7）在 PHP 中，有_____和_____两种复合数据类型。

（8）在 PHP 中，有_____和_____两种特殊数据类型。

（9）在 PHP 中，使用_____函数声明常量。

（10）在 PHP 中，使用_____或_____函数使用常量。

（11）在 PHP 中，有_____、_____和_____三种方法为变量赋值。

（12）在 PHP 中，使用关键字_____定义函数。

（13）在 PHP 中，使用关键字_____返回函数的操作结果。

（14）在 PHP 中，有_____和_____两种条件控制语句。

（15）在 PHP 中，有_____、_____、_____和_____四种循环控制语句。

（16）循环跳出语句 break 的作用是_____，而循环跳出语句 continue 的作用是_____。

2. 选择题

（1）在 PHP 中，使用_____函数检测变量是否属于字符串类型。

A. is_bool( )　　　　　　　　　　B. is_string( )

C. is_integer( )　　　　　　　　　D. is_float( )

（2）在 PHP 中，使用_____函数判断常量是否被定义。

A. define( )　　　　　　　　　　B. constant( )

C. defined( )　　　　　　　　　　D. const( )

（3）在 PHP 中，使用_____声明变量。

A. &　　　　　　B. ￥　　　　　　C. %　　　　　　D. $

（4）在 PHP 中，使用关键字_____在自定义函数中使用全局变量。

A. global　　　　B. static　　　　C. private　　　　D. public

（5）在 PHP 中，使用关键字_____在函数中定义静态变量。

A. global　　　　B. static　　　　C. private　　　　D. public

（6）在 PHP 中，运算符"&&"的作用是_____。

A. 逻辑与　　　　B. 逻辑或　　　　C. 逻辑非　　　　D. 逻辑异或

（7）在 PHP 中，运算符"!"的作用是_____。

A. 逻辑与　　　　B. 逻辑或　　　　C. 逻辑非　　　　D. 逻辑异或

（8）在 PHP 中，运算符"||"的作用是_____。

A. 逻辑与　　　　B. 逻辑或　　　　C. 逻辑非　　　　D. 逻辑异或

（9）在 PHP 中，使用"@"是为了_____。

A. 解决语法错误　　　　　　　　　B. 定义变量

C. 注释语句　　　　　　　　　　　D. 屏蔽错误信息

3. 名词解释

局部变量　全局变量　静态变量　形参　实参

4. 问答题

（1）使用单引号和双引号定义字符串有什么区别？

（2）调用函数时，实参和形参之间的数据传递方式有哪两种？它们之间有什么区别？

（3）while 和 do…while 循环控制语句之间的区别是什么？

5. 读程题

（1）
```php
<?php
    $str = '字符串';
    echo '$str';
    echo "$str";
?>
```
运行结果：_____

（2）
```php
<?php
    function incrementing1()
```

```
    {
        $num = 0;
        $num ++;
        echo $num;
    }
    function incrementing2()
    {
        static $num = 0;
        $num ++;
        echo $num;
    }
    for ($i = 0; $i < 10; $i ++)
    {
        incrementing1();
    }
    for ($i = 0; $i < 10; $i ++)
    {
        incrementing2();
    }
    ?>
```

运行结果：_____

(3)
```
<?php
    $boo1 = (3 > 2);
    $boo2 = (3 > 4);
    echo (($boo1 && $boo2 || $boo2)? 'true':'false');
    echo (($boo1 || $boo2 && $boo2)? 'true':'false');
    ?>
```

运行结果：_____

(4)
```
<?php
    $num = 1;
    function transmit1($num)
    {
        $num = 2;
        echo $num;
    }
    function transmit2(& $num)
    {
        $num = 2;
```

```
        echo $num;
    }
    transmit1 ( $num );
    echo $num;
    transmit2 ( $num );
    echo $num;
? >
```

运行结果：_____

(5) <?php
```
    for ( $i = 0; $i < 10; $i ++ )
    {
        if ( $i == 6 )
        {
            break;
        }
        else if ( $i % 2 == 0 )
        {
            echo $i;
        }
    }
    for ( $i = 0; $i < 10; $i ++ )
    {
        if ( $i == 6 )
        {
            continue;
        }
        else if ( $i % 2 == 0 )
        {
            echo $i;
        }
    }
? >
```

运行结果：_____

6. 编程题

（1）定义一个自定义函数用于计算圆形的面积，然后通过该函数计算半径为 3 的圆形的面积。

（2）定义一个自定义函数用于判断用户的权限，其中 1 为学生、2 为教师、3 为辅导员、4 为系主任。

（3）定义一个自定义函数用于判断日期的有效性。

（4）先定义一个数组存放英文格式的星期名，再定义一个自定义函数，然后使用按引用传递的方法将英文格式的星期名转换为中文格式的星期名。

【习题答案】

第 3 章

字符串操作

本章主要内容：
- 转义和还原字符串的方法
- 去除首尾特殊字符的方法
- 获取字符串长度的方法
- 截取字符串的方法
- 检索字符串的方法
- 替换字符串的方法
- 大小写转换的方法
- 比较字符串的方法
- 合成和分割字符串的方法
- 格式化数字字符串的方法
- 正则表达式的语法规则
- PHP 中的正则表达式函数

3.1 转义和还原字符串

PHP中有许多字符属于关键字符，这些字符都有特定的含义，如果需要在字符串中将这些关键字符当作普通字符使用，就需要对这些字符进行转义。同时，输出结果时经常需要对输出的格式进行控制，这时就需要使用转义字符控制输出格式。

3.1.1 转义

在PHP中使用反斜线"\"对需要转义的字符进行转义，而如果对非转义字符使用"\"，那么"\"会被一起输出。PHP中常用的转义字符见表3-1。

表3-1 PHP中常用的转义字符

转 义 字 符	描 述
\ n	换行
\ r	回车
\ t	水平制表符
\ \	反斜线
\ $	美元符号
\ '	单引号
\ "	双引号

> **注意**："\n"和"\r"在Windows操作系统中没有太大区别。而在Linux操作系统中，"\n"表示换到下一行，却不会回到行首；"\r"表示回到行首，但是仍留在本行。

3.1.2 自动转义和还原

在实际应用中，由于无法十分确定用户输入的数据内容，也就无法对用户输入的数据逐一地进行手工转义，这时就需要对字符串数据进行自动转义。

在PHP中，可以使用addslashes()函数对字符串进行自动转义，即自动在字符串中加入"\"，语法格式如下。

```
string addslashes(string $str);
```

addslashes()函数的返回值为加入"\"后的字符串。其中，$str为需要转义的字符串对象。

在PHP中，可以使用stripslashes()函数将使用addslashes()函数转义后的字符串进行还原，语法格式如下。

```
string stripslashes(string $str);
```

stripslashes() 函数的返回值为还原后的字符串。其中，$str 为需要还原的字符串对象。

【实例 3 - 1（55_Addslashes_And_Stripslashes. php）】 对字符串"\\'字符串'\\"进行转义，然后将转义后的字符串还原。实例代码如下。

```php
<?php
    //设置编码格式,正确显示中文
    header("content - Type: text/html; charset = gb2312");
    $str1 = "\\'字符串'\\";                        //定义一个字符串型变量
    echo'原字符串:'. $str1.'<br/>';              //显示结果
    $str2 = addslashes($str1);                    //转义字符串
    echo'自动转义后的字符串:'. $str2.'<br/>';    //显示结果
    $str3 = stripslashes ($str2);                 //还原转义后的字符串
    echo'还原后的字符串:'. $str3;                 //显示结果
?>
```

运行结果如图 3 - 1 所示。

图 3 - 1　自动转义和还原

> 说明：addslashes() 函数会自动在单引号"'"、双引号"""、反斜线"\"和空字符"NULL"前加上反斜线"\"。

在 PHP 中，还可以使用 addcslashes() 函数对字符串中指定的字符进行自动转义，即自动在指定的字符串中加入"\"，语法格式如下。

```php
string addcslashes(string $str, string $charlist);
```

addcslashes() 函数的返回值为加入"\"后的字符串。其中，$str 为需要转义的字符串对象；"$charlist"为需要转义的指定字符。

在 PHP 中，可以使用 stripcslashes() 函数将使用 addcslashes() 函数转义后的字符串进行还原，语法格式如下。

```php
string stripcslashes(string $str);
```

stripcslashes() 函数的返回值为还原后的字符串。其中，$str 为需要还原的字符串对象。

【实例 3 - 2（56_Addcslashes_And_Stripcslashes. php）】 对字符串"\\'字符串'\\"中的"'"进行转义，然后将转义后的字符串还原。实例代码如下。

```php
<?php
    //设置编码格式,正确显示中文
    header("content-Type: text/html; charset=gb2312");
    $str1 = "\\'字符串'\\";                    //定义一个字符串型变量
    echo'原字符串:'. $str1.'<br/>';            //显示结果
    $str2 = addcslashes($str1,"'");           //转义字符串
    echo'自动转义后的字符串:'. $str2.'<br/>';     //显示结果
    $str3 = stripcslashes ($str2);            //还原转义后的字符串
    echo'还原后的字符串:'. $str3;               //显示结果
?>
```

运行结果如图3-2所示。

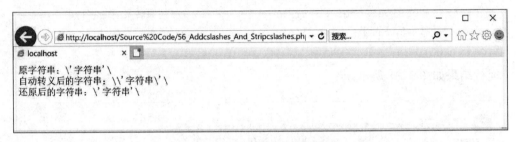

图3-2　转义和还原指定字符

3.2　去除首尾特殊字符

用户在输入数据时，可能会无意间在字符串首尾输入多余的空格或有意输入由特殊字符组成的表情符号，而有时这些空格和特殊字符是不允许出现的，因此需要去除字符串首尾的空格和特殊字符。

在 PHP 中，可以使用三种函数去除字符串首尾的空格和特殊字符。

（1）trim( ) 函数：用于去除字符串首尾空格和特殊字符，语法格式如下。

```php
string trim(string $str[, string $charlist]);
```

（2）ltrim( ) 函数：用于去除字符串左侧的空格和特殊字符，语法格式如下。

```php
string ltrim(string $str[, string $charlist]);
```

（3）rtrim( ) 函数：用于去除字符串右侧的空格和特殊字符，语法格式如下。

```php
string rtrim(string $str[, string $charlist]);
```

trim( )、ltrim( )、rtrim( ) 函数的返回值为去除空格和特殊字符后的字符串。其中，$str 为需要操作的字符串对象；$charlist 为可选参数，用于指定需要去除的字符。

【实例3-3(57_String_Trim. php)】　分别使用三种函数去除"@_@字符串@_@"中的特殊字符"@_@"。实例代码如下。

```php
<?php
    //设置编码格式,正确显示中文
```

```
header("content-Type: text/html; charset=gb2312");
$str = '@_@字符串@_@';        //定义一个字符串型变量
//显示结果
echo'原字符串: '.$str.'<br/>';
echo'去除首尾特殊字符: '.trim ($str, '@_@') .'<br/>';
echo'去除左侧特殊字符: '.ltrim ($str, '@_@') .'<br/>';
echo'去除右侧特殊字符: '.rtrim ($str, '@_@');
?>
```

运行结果如图3-3所示。

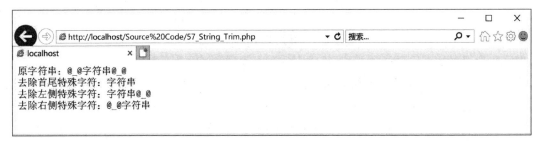

图3-3　去除首尾特殊字符

3.3　获取字符串长度

有时根据功能需要，为了保证数据的正确性，需要获取用户输入数据的字符串长度。例如，要求用户输入8～16位登录名或12～18位密码。

在PHP中，可以使用strlen()函数获取字符串的长度，语法格式如下。

```
int strlen(string $str);
```

strlen()函数的返回值为字符串的长度。其中，$str为需要获取长度的字符串对象。

> 说明：一个英文字母或数值占1个字符，而中文汉字所占字符由编码格式决定。例如，UTF-8编码格式下一个中文汉字占3个字符，而GB 2312编码格式下一个中文汉字占2个字符。

【实例3-4(58_String_Strlen. php)】　获取字符串"this is a string"的长度。实例代码如下。

```
<?php
//设置编码格式,正确显示中文
header("content-Type: text/html; charset=gb2312");
$str = 'this is a string';                //定义一个字符串型变量
echo'字符串的长度为:'.strlen($str);        //显示结果
?>
```

运行结果如图 3-4 所示。

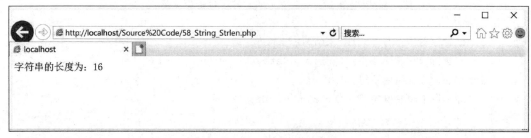

图 3-4　获取字符串长度

3.4　截取字符串

在实际开发中，为了保证页面布局的合理性，经常需要只显示超长文本中的一部分，即需要对字符串进行截取。

在 PHP 中，可以使用 substr( ) 函数截取字符串，语法格式如下。

```
string substr(string $str, int $start[, int $length]);
```

substr( ) 函数的返回值为截取之后的字符串。其中，$str 为需要截取的字符串对象；$start 为开始截取的位置；$length 为可选参数，用于指定需要截取的字符个数。

> **说明**：字符串第一个字符的位置为0，因此 "$start" 的指定位置从0开始计数。

> **注意**：截取字符串时，应该注意中文汉字的截取，因为一个中文汉字占多个字符长度，如果从一个中文汉字中间截取，会导致字符串出现乱码。

【实例 3-5(59_String_Substr. php)】　截取字符串 "this is a string" 中的每个单词。实例代码如下。

```php
<?php
    //设置编码格式,正确显示中文
    header("content-Type: text/html; charset=gb2312");
    $str = 'this is a string';                     //定义一个字符串型变量
    echo'第一个单词:'.substr($str, 0, 4).'<br/>';    //显示结果
    echo'第二个单词:'.substr($str, 5, 2).'<br/>';    //显示结果
    echo'第三个单词:'.substr($str, 8, 1).'<br/>';    //显示结果
    echo'第四个单词:'.substr($str, 10, 6);           //显示结果
?>
```

运行结果如图 3-5 所示。

第一个单词：this
第二个单词：is
第三个单词：a
第四个单词：string

图3-5 截取字符串

3.5 检索字符串

有时根据功能要求，需要对字符串中的关键字进行检索。PHP 提供了很多函数用于检索字符串，其中检索指定关键字和检索关键字出现的次数是最常用的检索字符串函数。

【检索字符串】

3.5.1 检索指定关键字

在 PHP 中，可以使用 strstr() 函数检索指定关键字，即获取指定关键字在字符串中首次出现的位置到字符串末尾的子串，语法格式如下。

```
string strstr(string $haystack, string $needle);
```

strstr() 函数的返回值为指定关键字在字符串中首次出现的位置到字符串末尾的子串。其中，$haystack 为需要检索的字符串对象；$needle 为需要检索的关键字。

> 注意：strstr() 函数区分字母的大小写。

> 说明：strstr() 函数通常用来验证用户上传的文件格式是否正确。

【实例 3-6(60_String_Strstr. php)】 检索名为"image. jpg"文件的扩展名。实例代码如下。

```php
<?php
    //设置编码格式,正确显示中文
    header("content-Type: text/html; charset=gb2312");
    $str = 'image.jpg';                //定义一个字符串型变量
    echo'文件名:'. $str. '<br/>';        //显示结果
    echo'后缀名:'.strstr($str, '.');   //显示结果
?>
```

运行结果如图 3-6 所示。

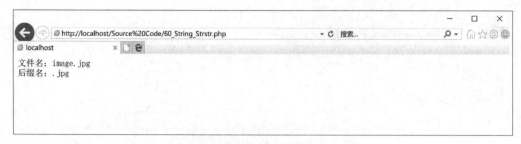

图3-6　检索指定关键字

3.5.2　检索关键字出现的次数

在 PHP 中，可以使用 substr_count( ) 函数检索关键字在字符串中出现的次数，语法格式如下。

```php
int substr_count(string $haystack, string $needle);
```

substr_count( ) 函数的返回值为指定关键字在字符串中出现的次数。其中，$haystack 为需要检索的字符串对象；$needle 为需要检索的关键字。

> 说明：substr_count( ) 函数通常用在搜索功能中，即用来提高用户搜索的准确度。

【实例 3 - 7 (61_String_Substr_Count. php) 】　检索关键字 is 在字符串 "this is a string" 中出现的次数。实例代码如下。

```php
<?php
    //设置编码格式,正确显示中文
    header("content - Type: text/html; charset = gb2312");
    $str = 'this is a string';    //定义一个字符串型变量
    //显示结果
    echo'"is"在"this is a string"中出现的次数:'.substr_count($str, 'is').'<br/>';
?>
```

运行结果如图 3-7 所示。

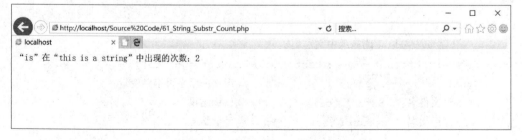

图3-7　检索关键字出现的次数

3.6 替换字符串

【替换字符串】

有时根据功能要求,需要对字符串中指定的子串进行替换,而我们不可能手工逐一地进行替换操作,这时就需要使用函数自动地进行替换操作。

3.6.1 替换指定内容的子串

在 PHP 中,可以使用 str_ireplace() 函数和 str_replace() 函数将指定内容的子串替换为新的值,语法格式如下。

```
mixed str _ireplace (mixed $search, mixed $replace, mixed $subject [, int
    $count]);
```

和

```
mixed str _ replace (mixed $search, mixed $replace, mixed $subject [, int
    $count]);
```

str_ireplace() 函数和 str_replace() 函数的返回值为替换后的字符串。其中,$search 为需要被替换的子串;$replace 为需要替换成的值;$subject 为需要执行替换操作的字符串;$count 为可选参数,用于指定执行替换操作的次数。

> 说明:1. str_ireplace() 和 str_replace() 函数的作用是一样的,两者的区别在于 str_ireplace() 函数不区分大小写,而 str_replace() 函数区分大小写。
> 2. str_ireplace() 和 str_replace() 函数经常用来在模糊搜索功能凸显关键字。

【实例 3-8(62_String_Str_Replace.php)】 将字符串"this is PHP"中的 PHP 替换成 example。实例代码如下。

```php
<?php
    //设置编码格式,正确显示中文
    header("content-Type: text/html; charset=gb2312");
    $str = 'this is PHP';    //定义一个字符串型变量
    //显示结果
    echo '原字符串:'. $str.'<br/>';
    echo '替换后的字符串:'.str_ireplace('php', 'example', $str).'<br/>';
    echo '替换后的字符串:'.str_ireplace('PHP', 'example', $str).'<br/>';
    echo '替换后的字符串:'.str_replace('php', 'example', $str).'<br/>';
    echo '替换后的字符串:'.str_replace('PHP', 'example', $str);
?>
```

运行结果如图 3-8 所示。

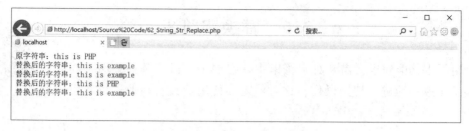

图 3-8　替换指定内容的子串

3.6.2　替换指定长度的子串

在 PHP 中，可以使用 substr_replace( ) 函数将指定长度的子串替换为新的值，语法格式如下。

```
mixed substr_replace (mixed $string, mixed $replacement, mixed $start [, int
    $length]);
```

substr_replace( ) 函数的返回值为替换后的字符串。其中，$string 为需要执行替换操作的字符串；$replacement 为需要替换成的值；$start 为需要被替换的子串的起始位置；$length 为可选参数，用于指定需要被替换的子串的长度。

> **注意**：如果参数 $start 的数值设置为负数，而参数 $length 的数值不大于 $start，那么参数 $length 的数值自动为 0。

【实例 3-9(63_String_Substr_Replace. php)】　将字符串 "this is PHP" 中的第九个字符及其之后的子串替换成 example。实例代码如下。

```php
<?php
    //设置编码格式,正确显示中文
    header("content-Type: text/html; charset=gb2312");
    $str = 'this is PHP';    //定义一个字符串型变量
    //显示结果
    echo '原字符串:'. $str. '<br/>';
    echo '替换后的字符串:'.substr_replace($str, 'example', 8);
?>
```

运行结果如图 3-9 所示。

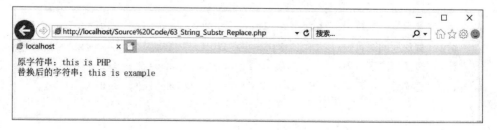

图 3-9　替换指定长度的子串

3.7 大小写转换

【大小写转换】

在实际开发中,为了使页面中的英文符合书写规则,有时需要对字符串中的英文字母进行大小写转换。

3.7.1 全部字母转换为小写

在 PHP 中,可以使用 strtolower( ) 函数将字符串中的全部字母转换为小写字母,语法格式如下。

```
string strtolower(string $string);
```

strtolower( ) 函数的返回值为转换后的字符串。其中, $string 为需要执行转换操作的字符串。

【实例 3 - 10(64_String_Strtolower. php)】 将字符串"THis is a STRing"中的全部字母转换为小写字母。实例代码如下。

```php
<?php
    //设置编码格式,正确显示中文
    header("content - Type: text/html; charset = gb2312");
    $str = 'THis is a STRing';    //定义一个字符串型变量
    //显示结果
    echo '原字符串:'. $str. '<br/ >';
    echo '转换后的字符串:'. strtolower($str);
?>
```

运行结果如图 3 - 10 所示。

图 3 - 10 全部字母转换为小写字母

3.7.2 全部字母转换为大写

在 PHP 中,可以使用 strtoupper( ) 函数将字符串中的全部字母转换为大写字母,语法格式如下。

```
string strtoupper(string $string);
```

strtoupper( ) 函数的返回值为转换后的字符串。其中, $string 为需要执行转换操作的字符串。

【实例3-11（65_String_Strtoupper. php）】 将字符串"THis is a STRing"中的全部字母转换为大写字母。实例代码如下。

```php
<?php
    //设置编码格式,正确显示中文
    header("content-Type: text/html; charset=gb2312");
    $str = 'THis is a STRing';    //定义一个字符串型变量
    //显示结果
    echo '原字符串:'. $str. '<br/>';
    echo '转换后的字符串:'. strtoupper($str);
?>
```

运行结果如图3-11所示。

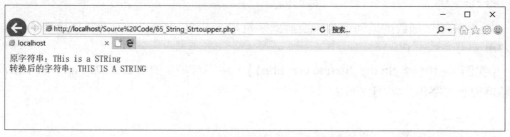

图3-11　全部字母转换为大写字母

3.7.3　第一个字母转换为大写

在PHP中，可以使用ucfirst()函数将字符串中的第一个字母转换为大写字母，语法格式如下。

```php
string ucfirst(string $string);
```

ucfirst()函数的返回值为转换后的字符串。其中，$string为需要执行转换操作的字符串。

> 说明：ucfirst()函数只会将字符串中的第一个字母转换为大写字母，而其他字母的大小写不会发生变化。

【实例3-12（66_String_Ucfirst. php）】 将字符串"this is a string"中的第一个字母转换为大写字母。实例代码如下。

```php
<?php
    //设置编码格式,正确显示中文
    header("content-Type: text/html; charset=gb2312");
    $str = 'this is a string';    //定义一个字符串型变量
    //显示结果
    echo '原字符串:'. $str. '<br/>';
    echo '转换后的字符串:'. ucfirst($str);
?>
```

运行结果如图 3 – 12 所示。

图 3 – 12 第一个字母转换为大写字母

3.7.4 单词首字母转换为大写

在 PHP 中，可以使用 ucwords( ) 函数将字符串中的单词首字母转换为大写字母，语法格式如下。

```
string ucwords(string $string);
```

ucwords( ) 函数的返回值为转换后的字符串。其中，$string 为需要执行转换操作的字符串。

> **注意**：ucwords( ) 函数通过空白符来判别单词，即英文两侧都有空白符才会被认定为单词，如 O'malley 就无法被转换为 O'Malley。

【**实例 3 – 13(67_String_Ucwords. php)**】 将字符串"this is a string"中的单词首字母转换为大写字母。实例代码如下。

```php
<?php
    //设置编码格式,正确显示中文
    header("content – Type: text/html; charset = gb2312");
    $str = 'this is a string';    //定义一个字符串型变量
    //显示结果
    echo '原字符串:'. $str. '<br/>';
    echo '转换后的字符串:'.ucwords( $str);
?>
```

运行结果如图 3 – 13 所示。

图 3 – 13 单词首字母转换为大写字母

3.8 比较字符串

有时根据功能要求，需要对两个字符串进行比较，并获取比较结果。

在 PHP 中，可以使用 strcmp() 函数和 strcasecmp() 函数比较两个字符串，语法格式如下。

```
int strcmp(string $str1, string $str2);
```

和

```
int strcasecmp(string $str1, string $str2);
```

strcmp() 函数和 strcasecmp() 函数的返回值为比较的结果，即如果 $str1 和 $str2 相等则返回 0，如果 $str1 小于 $str2 则返回 – 1，如果 $str1 大于 $str2 则返回 1。其中，$str1 和 $str2 为需要进行比较的两个字符串。

> 说明：1. strcmp() 函数和 strcasecmp() 函数的作用是一样的，两者的区别在于 strcasecmp() 函数不区分大小写，而 strcmp() 函数区分大小写。
>
> 2. strcmp() 函数和 strcasecmp() 函数的作用与 "＝＝" 一样，但是它们的返回值不同。

【实例 3 – 14（68_String_Strcmp. php）】 将字符串 "this is a string" 和 "This is a string" 进行比较。实例代码如下。

```php
<?php
    //设置编码格式,正确显示中文
    header("content – Type: text/html; charset = gb2312");
    $str1 = 'this is a string';    //定义一个字符串型变量
    $str2 = 'This is a string';    //定义一个字符串型变量
    //显示结果
    echo '"'. $str1. '"和"'. $str2. '"的比较结果:'. strcmp($str1, $str2). '<br/ >';
    echo '"'. $str1. '"和"'. $str2. '"的比较结果:'. strcasecmp($str1, $str2);
?>
```

运行结果如图 3 – 14 所示。

```
http://localhost/Source%20Code/68_String_Strcmp.php
localhost
"this is a string" 和 "This is a string" 的比较结果: 1
"this is a string" 和 "This is a string" 的比较结果: 0
```

图 3 – 14　比较两个字符串

3.9 合成和分割字符串

【合成和分割字符串】

为了减少数据库中存储数据的记录条数,在实际开发中,经常需要将多个数据合成为一个字符串进行存储,而在需要时再将字符串分割成相应的数据。

3.9.1 合成字符串

在 PHP 中,可以使用 implode() 函数将数组中的值合成为字符串,语法格式如下。

```
string implode(string $glue, array $pieces);
```

implode() 函数的返回值为合成后的字符串。其中,$glue 为数组中各个元素之间的分隔符;$pieces 为需要进行合成的数组。

【实例 3 - 15(69_String_Implode. php)】 将数组 "Array([0] => this [1] => is [2] => an [3] => array)" 中的值,以 "@" 为分隔符合成为一个字符串。实例代码如下。

```php
<?php
    //设置编码格式,正确显示中文
    header("content-Type: text/html; charset=gb2312");
    $arr = array('this', 'is', 'an', 'array');    //定义一个数组
    //显示结果
    echo '数据结构:';
    print_r($arr);
    echo '<br/>合成后的结果:'.implode('@', $arr);
?>
```

运行结果如图 3 - 15 所示。

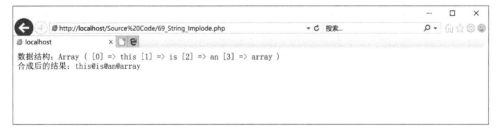

图 3 - 15　合成字符串

3.9.2 分割字符串

在 PHP 中,可以使用 explode() 函数将字符串分割为数组,语法格式如下。

```
array explode(string $delimiter, string $string[, int $limit]);
```

explode() 函数的返回值为分割后的数组。其中,$delimiter 为分割字符串的分隔符;$string 为需要进行分割的字符串;$limit 为可选参数,用于指定数组元素的最大个数,最

后的元素将包含 $string 的剩余部分。

【实例 3 – 16(70_String_Explode. php)】 将字符串 "this@ is@ an@ array"，以 "@" 为分隔符分割为数组。实例代码如下。

```php
<?php
    //设置编码格式,正确显示中文
    header("content-Type: text/html; charset=gb2312");
    $str = 'this@is@an@array';    //定义一个字符串型变量
    //显示结果
    echo '原字符串:'. $str.'<br/>';
    echo '分割后的结果:';
    print_r(explode('@', $str));
?>
```

运行结果如图 3–16 所示。

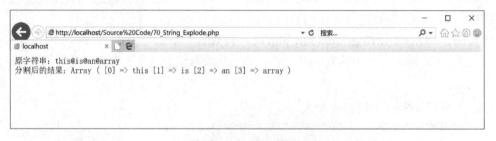

图 3–16　分割字符串

3.10　格式化数字字符串

有时根据用户要求，需要对数字进行处理，即保留指定位数的小数，以及添加千位分隔符，这时就需要对数字进行格式化处理。

在 PHP 中，可以使用 number_format( ) 函数格式化数字，语法格式如下。

```
string number_format(float $number[, int $decimals[, string $dec_point, string
    $thousands_sep]]);
```

number_format( ) 函数的返回值为格式化后的数值字符串。其中，$number 为需要格式化的浮点型对象；$decimals 为可选参数，用于指定保留的小数位数，默认值为 0；$dec_point 为可选参数，用于指定小数点的字符，默认值为 "。"；$thousands_sep 为可选参数，用于指定千位分隔符的字符，默认值为 ","。

注意：number_format( ) 函数可以设置一个、两个或四个参数，即 $dec_point 和 $thousands_sep 必须同时设置。

说明：number_format( ) 函数采用四舍五入的方法舍去小数。

【实例 3 – 17（71_String_Number_Format. php）】 将数字 123456. 789 进行格式化，保留两位小数，并加入千位分隔符。实例代码如下。

```php
<?php
    //设置编码格式,正确显示中文
    header("content-Type: text/html; charset=gb2312");
    $num = '123456.789';    //定义一个浮点型变量
    //显示结果
    echo '原数字:'. $num. '<br/>';
    echo '格式化后的数字:'. number_format($num, 2);
?>
```

运行结果如图 3 – 17 所示。

图 3 – 17 格式化数字字符串

3.11 正则表达式

正则表达式是一种描述字符串结构的语法规则，是一种特定的格式化模式，可以匹配、替换、截取匹配的字符串。

3.11.1 语法规则

一个完整的正则表达式由元字符和文本字符两部分构成，其中元字符是具有特殊含义的字符，而文本字符就是普通的文本。正则表达式中的元字符如下。

1. 行定位符

行定位符是指用来描述字符串边界的字符，其中"^"表示行的开始，"$"表示行的结尾，举例说明如下。

（1）sp：用于匹配含有 sp 的字符串，即 spring 和 wasp 都可以匹配。

（2）^sp：用于匹配以 sp 开头的字符串，即 spring 可以匹配，而 wasp 则不能匹配。

（3）sp$：用于匹配以 sp 结尾的字符串，即 wasp 可以匹配，而 spring 则不能匹配。

（4）^sp$：用于匹配字符串 sp，即只能匹配 sp，spring 和 wasp 都不能匹配。

2. 单词界定符

单词界定符是指用来匹配单词边界的字符，其中"\b"表示匹配单词与符号之间的边界，"\B"表示匹配单词与单词之间或符号与符号之间的边界，举例说明如下。

（1）\b：可以用于将字符串 sp?? 分割成 sp 和??。

（2）\B：可以用于将字符串 sp?? 分割成 s、p? 和?。

> **说明**：1. 这里的单词是指中文字符、英文字符和数字，而符号是指中文标点、英文标点、空格、制表符和换行。
>
> 　　　　2. 单词界定符一般不是用来判断字符串是否符合某种规则的，通常我们用它分割字符串。

3. 字符集

字符集是指用来描述字符集合的符号，即用来匹配"［ ］"中所包含的任意一个字符。例如，［Aa］用于匹配字母 A 和 a。

> **注意**：一个字符集每次只能匹配一个字符。

4. 连字符

连字符是指用来描述字符范围的符号，即使用"－"来表示字符的范围。例如，［a－zA－Z］用于匹配所有的大小写字母。

> **说明**：连字符通常和字符集一起使用。

5. 选择字符

选择字符"｜"可以理解为"或"，举例说明如下。

（1）A｜a：用于匹配字母 A 和 a。

（2）S｜sP｜p：用于匹配字符串 sp、sP、Sp 和 SP，也可以写为 sp｜sP｜Sp｜SP。

> **说明**：选择字符和字符集的作用类似，两者的区别在于"［ ］"只能匹配一个字符，而"｜"可以匹配任意长度的字符串。

6. 排除字符

"^"在"［ ］"中表示排除字符，表示匹配字符集以外的字符。例如，［^0－9］用于匹配非数字字符。

7. 限定符

限定符用于匹配重复出现的字符或字符串。正则表达式中的限定符如下。

（1）?：匹配前面的字符或字符串零次或一次。例如，Go? gle 用于匹配字符串 Gogle 和 Ggle。

（2）+：匹配前面的字符或字符串一次或多次。例如，Go + gle 用于匹配字符串 Gogle 到 "Goo…gle"。

（3）*：匹配前面的字符或字符串零次或多次。例如，Go * gle 用于匹配字符串 Ggle 到 "Goo…gle"。

（4）{n}：匹配前面的字符或字符串 n 次。例如，Go{2}gle 用于匹配字符串 Google。

（5）{n,}：匹配前面的字符或字符串最少 n 次。例如，Go{2,}gle 用于匹配字符串 Google 到 Goo…gle。

（6）{n, m}：匹配前面的字符或字符串最少 n 次，最多 m 次。例如，Go{2, 3}gle 用于匹配字符串 Google 和 Gooogle。

8. 点号字符

点号字符 "." 用于匹配换行符以外的任意一个字符。例如，^s. p $用于匹配一个以 s 开头、p 结尾、中间包含一个换行符以外的任意字符的字符串。

9. 括号字符

在正则表达式中，括号字符 "( )" 的作用有两种。

（1）改变限定符的作用范围。例如，sp(ring | ark) 用于匹配字符串 spring 和 spark。

（2）分组，即子表达式。例如，匹配 IP 地址[0-9]{1,3}(\. [0-9]{1,3}){3}，其中（\. [0-9]{1,3} ）为一个子表达式，并重复操作三次。

10. 反斜线

在正则表达式中，反斜线 "\" 有多种作用。

（1）转义字符：将特殊字符转义为普通字符。例如，匹配 IP 地址[0-9]{1,3}(. [0-9]{1,3}){3} 是不正确的，应该是[0-9]{1,3}(\. [0-9]{1,3}){3}。

（2）显示不可输出字符："\" 显示的不可输出字符见表 3-2。

表 3-2　"\" 显示的不可输出字符

字　　符	说　　明
\ a	警报
\ b	退格（只有在 "[ ]" 中才表示退格）
\ e	取消
\ f	换页符
\ n	换行符
\ r	回车符
\ t	水平制表符

续表

字　符	说　明
\ v	垂直制表符
\ xhh	十六进制代码
\ ddd	八进制代码
\ cx	由 x 指明的控制字符

（3）预定义字符集："\"指定的预定义字符集见表 3－3。

表 3－3　"\"指定的预定义字符集

字　符　集	说　明
\ d	匹配一个数字字符，相当于［0-9］
\ D	匹配一个非数字字符，相当于［^0-9］
\ s	匹配任何空白字符，相当于［\ f\ n\ r\ t\ v］
\ S	匹配任何非空白字符，相当于［^\ f\ n\ r\ t\ v］
\ w	匹配包括下划线的任何单词字符，相当于［a-zA-Z0-9_］
\ W	匹配任何非单词字符，相当于［^a-zA-Z0-9_］

（4）定义断言："\"定义断言的限定符见表 3－4。

表 3－4　"\"定义断言的限定符

限　定　符	说　明
\ b	匹配单词边界
\ B	匹配非单词边界
\ A	指定匹配必须出现在字符串的开头
\ Z	指定匹配必须出现在字符串的结尾或结尾的"\ n"之前
\ z	指定匹配必须出现在字符串的结尾
\ G	指定匹配必须从上一个匹配结束的位置开始

11. 反向引用

反向引用是指后面的表达式可以引用前面的某个分组。例如，(a)(b)\1 用于匹配字符串 aba。

> **说明：** 从左至右依次"()"分组编号默认为"\ 1""\ 2"……依此类推。

除了默认分组编号外，还可以自定义分组名称。例如，(?P<k>a)(b)(?P=k)

用于匹配字符串 aba。其中，（?P<subname>…）即（?P<k>a）为自定义分组；（?P=subname）即（?P=k）为反向引用自定义分组。

12. 模式修饰符

模式修饰符用于规定正则表达式应该如何解释和应用。PHP 中的主要模式修饰符见表 3-5。

表 3-5　PHP 中的主要模式修饰符

修　饰　符	表达式写法	说　　明
i	（?i)…（?-i）、（?i:…）	忽略大小写模式
m	（?m)…（?-m）、（?m:…）	多文本模式。字符串内部有多个换行符时，影响"^"和"$"的匹配
s	（?s)…（?-s）、（?s:…）	单文本模式。此模式下，点号字符可以匹配换行符，而其他模式则不能
x	（?x)…（?-x）、（?x:…）	忽略空白字符

说明：模式修饰符既可以写在正则表达式的外部，也可以写在正则表达式的内部。

【语法规则（一）】　【语法规则（二）】　【语法规则（三）】

3.11.2　正则表达式函数

在 PHP 中，可以使用 POSIX（Portable Operating System Interface of UNIX，可移植操作系统接口）扩展正则表达式函数和 PCRE（Perl Compatible Regular Expressions，Perl 语言兼容正则表达式）函数来对正则表达式匹配的字符串进行操作。

这两种正则表达式函数的作用基本相同，但是无论从执行效率还是从语法支持上来说，PCRE 函数都优于 POSIX 扩展正则表达式函数。因此，从 PHP 5.3 版本开始，POSIX 扩展正则表达式函数已经被弃用，推荐使用 PCRE 函数。

说明：1. 正则表达式前后需要加上"/"才能被 PCRE 函数识别和使用。

　　　2. 在实际开发中，为了提高页面的响应速度，通常将字符串的匹配验证放在前端完成，即由 JavaScript 对用户输入的信息进行匹配验证。

下面我们就来了解一下 PCRE 函数。

1. preg_grep（）

在 PHP 中，可以使用 preg_grep（）函数将数组中的值逐一与正则表达式进行匹配，语法格式如下。

【正则表达式函数】

```
array preg_grep(string $pattern, array $input[, int $flags]);
```

preg_grep() 函数的返回值为与正则表达式匹配或者不匹配的数组。其中，$pattern 为正则表达式的字符串对象；$input 为需要进行匹配的数组；$flags 为可选参数，用于指定返回值，默认值为 0，表示返回与正则表达式匹配的数组，如果设置为 PREG_GREP_INVERT，表示返回与正则表达式不匹配的数组。

【实例 3 – 18(72_Preg_Grep. php)】 使用正则表达式 "^ [0 – 9] {3} $" 逐一匹配数组 "Array([0] => 123 [1] => abc [2] => 321)" 中的值。实例代码如下。

```php
<?php
    //设置编码格式,正确显示中文
    header("content – Type: text/html; charset = gb2312");
    $pattern = '/^[0-9]{3}$/';              //定义一个字符串型变量
    $arr = array('123', 'abc', '321');   //定义一个数组
    //显示结果
    echo '原数组:';
    print_r($arr);
    echo '<br/>匹配后的数组:';
    print_r(preg_grep($pattern, $arr));
?>
```

运行结果如图 3 – 18 所示。

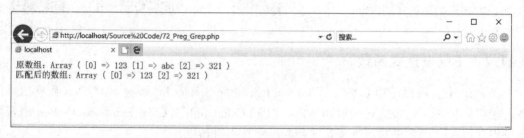

图 3 – 18　逐一匹配数组中的值

2. preg_match()

在 PHP 中，可以使用 preg_match() 函数和 preg_match_all() 函数将字符串与正则表达式进行匹配，语法格式如下。

```
int preg_match (string $pattern, string $subject [, array $matches [, int
    $flags [, int $offset]]]);
```

和

```
int preg_match_all (string $pattern, string $subject [, array $matches [, int
    $flags [, int $offset]]]);
```

preg_match() 函数和 preg_match_all() 函数的返回值为成功匹配的次数。其中，$pattern 为正则表达式的字符串对象；$subject 为需要进行匹配的字符串；$matches 为可选参数，如果设置该参数，则表示将匹配的字符串存放到数组中；$flags 为可选参数，如果设置

为 PREG_GREP_INVERT，表示除存放匹配的字符串外，还会存放字符串的偏移量；$offset 为可选参数，用于指定字符串中开始匹配的位置（单位是字节）。

> 说明：preg_match() 函数和 preg_match_all() 函数的作用是一样的，两者的区别在于 preg_match() 函数匹配成功一次后就会停止，即返回值为 0 或 1，而 preg_match_all() 函数则会一直匹配到字符串结束才会停止。

【实例 3 - 19(73_Preg_Match. php)】　使用正则表达式"［0 - 9］｛3｝"匹配字符串"123abc321"。实例代码如下。

```php
<?php
    //设置编码格式,正确显示中文
    header("content-Type: text/html; charset = gb2312");
    $pattern = '/[0-9]{3}/';      //定义一个字符串型变量
    $str = '123abc321';          //定义一个字符串型变量
    //显示结果
    echo '原字符串:'. $str. '<br/>';
    echo '成功匹配的次数:'. preg_match($pattern, $str). '<br/>';
    echo '成功匹配的次数:'. preg_match_all($pattern, $str);
?>
```

运行结果如图 3 - 19 所示。

图 3 - 19　匹配字符串

3. preg_quote()

在 PHP 中，可以使用 preg_quote() 函数将字符串中的所有特殊字符进行自动转义，语法格式如下。

```php
string preg_quote(string $str [, string $delimiter]);
```

preg_quote() 函数的返回值为转义后的字符串。其中，$str 为需要转义的字符串；$delimiter 为可选参数，用于指定除特殊字符外需要转义的字符。

> 说明：这里的特殊字符是指在正则表达式中的元字符。

【实例 3 - 20(74_Preg_Quote. php)】　对字符串"/^［0 - 9］｛3｝$/"进行转义。实例代码如下。

```php
<?php
    //设置编码格式,正确显示中文
    header("content-Type: text/html; charset=gb2312");
    $str = '/^[0-9]{3}$/';     //定义一个字符串型变量
    //显示结果
    echo '原字符串:'. $str. '<br/>';
    echo '转义后的字符串:'.preg_quote($str);
?>
```

运行结果如图 3 – 20 所示。

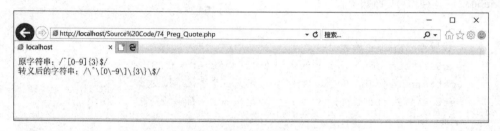

图 3 – 20　转义字符串

4. preg_replace( )

在 PHP 中,可以使用 preg_replace( ) 函数将字符串中与正则表达式匹配的部分替换为新的值,语法格式如下。

```
mixed preg_replace (mixed $pattern, mixed $replacement, mixed $subject
    [, int $limit]);
```

preg_replace( ) 函数的返回值为替换后的字符串。其中,$pattern 为正则表达式的字符串对象; $replacement 为需要替换成的值; $subject 为需要执行替换操作的字符串; $limit 为可选参数,用于指定执行替换操作的次数,默认值为 –1,表示无限。

【实例 3 – 21(75_Preg_Replace. php)】　使用正则表达式"[0-9] {3}"匹配字符串"123abc321",并将匹配的部分替换为"def"。实例代码如下。

```php
<?php
    //设置编码格式,正确显示中文
    header("content-Type: text/html; charset=gb2312");
    $pattern = '/[0-9]{3}/';     //定义一个字符串型变量
    $str = '123abc321';          //定义一个字符串型变量
    //显示结果
    echo '原字符串:'. $str. '<br/>';
    echo '替换后的字符串:'.preg_replace($pattern, 'def', $str);
?>
```

运行结果如图 3 – 21 所示。

在 PHP 中,还可以使用 preg_replace_callback( ) 函数将字符串中与正则表达式匹配的部分进行回调替换,语法格式如下。

原字符串：123abc321
替换后的字符串：defabcdef

图 3 - 21　替换字符串

```
mixed preg_replace_callback(mixed $pattern, callable $callback, mixed $subject
    [, int $limit]);
```

preg_replace_callback( ) 函数的返回值为替换后的字符串。其中，$pattern 为正则表达式的字符串对象；$callback 为回调函数名；$subject 为需要执行替换操作的字符串；$limit 为可选参数，用于指定执行替换操作的次数，默认值为 -1，表示无限。

> **注意**：在 preg_replace_callback( ) 函数中，$callback 参数应该使用双引号，这样可以保证字符串中的特殊符号不被转义。

> **说明**：preg_replace_callback( ) 函数与 preg_replace( ) 函数的不同之处在于，preg_replace( ) 函数是将字符串中与正则表达式匹配的部分替换为新的字符串，而 preg_replace_callback( ) 函数是将字符串中与正则表达式匹配的部分替换为回调函数的返回值。

【**实例 3 - 22(76_Preg_Replace_Callback. php)**】　使用正则表达式"[0 - 9] {3}"匹配字符串"123abc321"，并将匹配的部分回调替换为"def"。实例代码如下。

```php
<?php
    //设置编码格式,正确显示中文
    header("content - Type: text/html; charset = gb2312");
    $pattern = '/[0 - 9]{3}/';      //定义一个字符串型变量
    $str = '123abc321';             //定义一个字符串型变量
    //定义一个函数
    function call_back()
    {
        return'def';    //返回结果
    }
    //显示结果
    echo '原字符串:'. $str.'<br/>';
    echo '替换后的字符串:'.preg_replace_callback($pattern, "call_back", $str);
?>
```

运行结果如图 3 - 22 所示。

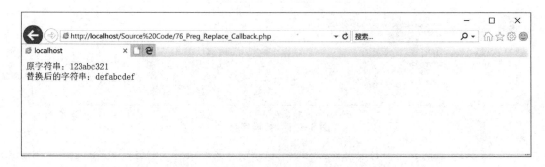

图 3 - 22　回调替换字符串

5. preg_split( )

在 PHP 中，可以使用 preg_split( ) 函数根据正则表达式匹配将字符串分割成数组，语法格式如下。

```
array preg_split (string $pattern, string $subject [, int $limit [, int $flags]]);
```

preg_split( ) 函数的返回值为分割后的数组。其中，$pattern 为正则表达式的字符串对象。$subject 为需要执行分割操作的字符串。$limit 为可选参数，用于指定数组元素的最大个数，最后的元素将包含 $subject 的剩余部分。$flags 为可选参数，用于指定返回的方式，如果设置为 PREG_SPLIT_NO_EMPTY，表示返回分割后的非空部分；如果设置为 PREG_SPLIT_DELIM_CAPTURE，表示分割模式中的括号表达式将被捕获并返回；如果设置为 PREG_SPLIT_OFFSET_CAPTURE，表示每一个出现的匹配返回时将会附加字符串偏移量。

【实例 3 - 23(77_Preg_Split. php)】　使用正则表达式"\ B"分割字符串"preg"。实例代码如下。

```
< ? php
    //设置编码格式,正确显示中文
    header("content - Type: text/html; charset = gb2312");
    $pattern = '/\B/';     //定义一个字符串型变量
    $str = 'preg';          //定义一个字符串型变量
    //显示结果
    echo '原字符串:'. $str. '<br/ >';
    echo '分割成的数组:';
    print_r(preg_split($pattern, $str));
? >
```

运行结果如图 3 - 23 所示。

原字符串：preg
分割成的数组：Array（[0] => p [1] => r [2] => e [3] => g）

图 3 - 23　分割字符串

习　　题

1. 填空题

（1）在 PHP 中，可以使用_____函数去除字符串首尾两侧的空格，使用_____函数去除字符串左侧的空格，使用_____函数去除字符串右侧的空格。

（2）在 PHP 中，可以使用_____函数和_____函数替换指定内容的子串，其中_____函数区分大小写，_____函数不区分大小写。

（3）在 PHP 中，可以使用_____函数替换指定长度的子串。

（4）在 PHP 中，可以使用_____函数将所有的字母转换为小写字母，使用_____函数将所有的字母转换为大写字母，使用_____函数将第一个字母转换为大写字母，使用_____函数将单词首字母转换为大写字母。

（5）在 PHP 中，可以使用_____函数和_____函数比较两个字符串，其中_____函数区分大小写，_____函数不区分大小写。

（6）在 PHP 中，可以使用_____函数对数字进行格式化处理。

2. 选择题

（1）在 PHP 中，可以使用_____函数获取字符串的长度。

A. strstr（ ）　　　　B. strlen（ ）　　　　C. substr_count（ ）　　　　D. substr（ ）

（2）在 PHP 中，可以使用_____函数截取字符串。

A. strstr（ ）　　　　B. strlen（ ）　　　　C. substr_count（ ）　　　　D. substr（ ）

（3）在 PHP 中，可以使用_____函数检索指定关键字。

A. strstr（ ）　　　　B. strlen（ ）　　　　C. substr_count（ ）　　　　D. substr（ ）

（4）在 PHP 中，可以使用_____函数检索关键字出现的次数。

A. strstr（ ）　　　　B. strlen（ ）　　　　C. substr_count（ ）　　　　D. substr（ ）

（5）在 PHP 中，可以使用_____函数将字符串分割为数组。

A. implode（ ）　　　B. strstr（ ）　　　　C. explode（ ）　　　　D. strlen（ ）

（6）在 PHP 中，可以使用_____函数将数组合成为字符串。

A. implode（ ）　　　B. strstr（ ）　　　　C. explode（ ）　　　　D. strlen（ ）

3. 编程题

（1）对字符串"@ this is a string@"进行操作，实现以下功能。

① 去除字符串首尾两侧的特殊字符"@"，并生成一个新的字符串。

② 获取新字符串的长度。

③ 获取字符 i 及其后的子串。

（2）对字符串"php is the best"进行操作，实现以下功能。

① 将字符串中所有的字母转换为大写字母，并生成一个新字符串。

② 将新字符串中的单词 PHP 替换为单词 EXAMPLE，并生成一个新字符串。

③ 截取并输出新字符串中由第 9～14 个字符组成的子串。

（3）对数组"Array（[0] => '计科' [1] => '软件' [2] => '网工' [3] => '电商' [4] => '信管'）"进行操作，实现以下功能。

① 使用分隔符"@"将数组合成字符串。

② 判断字符"@"出现的次数。

③ 将字符串中的第 4～5 个字符替换为"软工"。

【习题答案】

第 4 章

数 组 操 作

本章主要内容：
- 声明数组的方法
- 输出指定元素的方法
- 提取元素的方法
- 统计元素个数的方法
- 添加元素的方法
- 删除元素的方法
- 获取数组索引的方法
- 获取数组值的方法
- 查询指定元素的方法
- 统计元素出现的频度的方法
- 删除重复元素的方法
- 数组排序的方法

4.1 声 明 数 组

一维数组是由若干元素以单纯的排序结构排列而组成的数组；多维数组则是由若干数组为元素而组成的数组，即将数组进行嵌套。

一维数组的结构单一，并且是多维数组的基础。在 PHP 中，声明一维数组的方法有两种。

（1）使用 array( ) 声明数组，语法格式如下。

```
$array = array('value1', 'value2', …);
```

或

```
$array = array(key1 =>'value1', key2 =>'value2', …);
```

其中，$array 为数组变量的变量名；key1、key2 等为数组元素的索引；value1、value2 等为数组元素的值。

> 说明：1. array( ) 不是真的函数，而是一种语言结构。
> 2. 在 PHP 中，数组的索引可以分为数字索引和关联索引，即索引可以是数字或字符串。如果在定义时省略了索引，那么会自动生成从 0 开始的数值索引；如果在定义时指明了索引，那么索引可以是由自定义的数字或字符串组成的关联索引。

> 注意：如果在 array( ) 中定义了两个完全一样的索引，那么后面一个将会覆盖前面一个。

（2）直接为数组元素赋值，语法格式如下。

```
$array[key] = 'value';
```

其中，$array 为数组变量的变量名；key 为数组元素的索引；value 为数组元素的值。

> 注意：通过直接为数组元素赋值的方式声明数组时，要求同一数组元素中的数组名相同。

> 说明：声明数组后，数组中的元素个数是可以自由更改的，即只要给数组赋值，数组就会自动增加长度。

在 PHP 中，同样可以使用 array( ) 声明多维数组，即通过嵌套 array( ) 来声明多维数组，语法格式如下。

```
$array = array(
```

```
key1 =>array(
        key1 =>array('value1', 'value2', …),
        key2 =>array('value1', 'value2', …),
        …),
key2 =>array(
        key1 =>array('value1', 'value2', …),
        key2 =>array('value1', 'value2', …),
        …),
…);
```

【实例 4 - 1(78_Array_Declaring. php)】 分别定义一个一维数组和一个二维数组，然后使用 print_r( ) 函数输出数组结构。实例代码如下。

```php
<?php
    //设置编码格式,正确显示中文
    header("content - Type: text/html; charset = gb2312");
    $arr1 = array('this', 'is', 'an', 'array');     //定义一个一维数组
    //定义一个二维数组。
    $arr2 = array(array('this', 'is', 'an', 'example'), array('php', 'is',
        'the', 'best'), array('this', 'is', 'two - dimensional', 'array'));
    print_r($arr1);      //输出数组结构
    echo '<br/>';        //换行
    print_r($arr2);      //输出数组结构
?>
```

运行结果如图 4 - 1 所示。

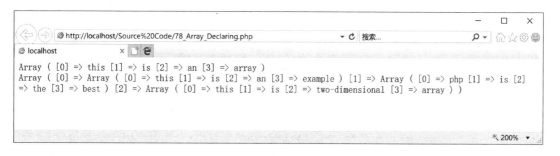

图 4 - 1 声明数组

4.2 输出指定元素

在 PHP 中, 除了可以使用 print_r( ) 函数输出数组结构外, 还可以使用 echo 或 print 输出数组中的某个指定元素, 即通过明确数组中的元素索引来输出指定的数组元素, 如 "echo $arr [0];"。

【实例 4 - 2(79_Array_Output. php)】 定义一个数组 "Array([0] => this [1] => is [2] => an [3] => array)", 然后分别输出每个元素。实例代码如下。

```php
<?php
    //设置编码格式,正确显示中文
    header("content - Type: text/html; charset = gb2312");
    $arr = array('this', 'is', 'an', 'array');      //定义一个数组
    //显示结果
    echo '第一个元素:'. $arr[0]. '<br/>';
    echo '第二个元素:'. $arr[1]. '<br/>';
    echo '第三个元素:'. $arr[2]. '<br/>';
    echo '第四个元素:'. $arr[3];
?>
```

运行结果如图 4 - 2 所示。

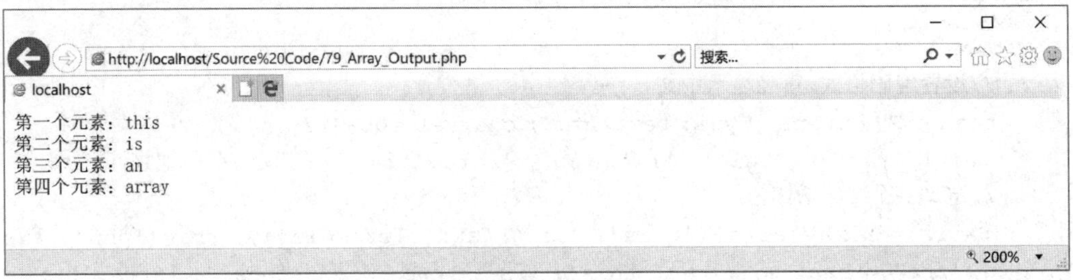

图 4 - 2   输出指定元素

4.3   提 取 元 素

在 PHP 中, 除了可以使用 foreach 循环控制语句遍历数组, 逐一提取元素外, 还可以使用 list( ) 从数组中同时提取多个元素, 并赋值给相应的变量, 语法格式如下。

```php
list(mixed $var1[, mixed $…]) = $array;
```

其中, $var1 和 "$…" 为需要赋值的变量对象; $array 为需要提取元素的数组对象。

说明: list( ) 和 array( ) 一样, 都不是真的函数, 而是一种语言结构。

注意: list( ) 仅能够提取数字索引数组的元素, 并假定数字索引从 0 开始。

【实例 4 - 3(80_Array_Extract. php)】   定义一个数组 "Array([0] => this [1] => is [2] => an [3] => array)", 然后提取数组中的元素, 并赋值给四个字符串型变量。实例代码如下。

```php
<?php
    //设置编码格式,正确显示中文
    header("content - Type: text/html; charset = gb2312");
    $arr = array('this', 'is', 'an', 'array');       //定义一个数组
    list($str1, $str2, $str3, $str4) = $arr;        //提取数组元素
```

```
//显示结果
echo '$str1 = '. $str1.'<br/>';
echo '$str2 = '. $str2.'<br/>';
echo '$str3 = '. $str3.'<br/>';
echo '$str4 = '. $str4;
? >
```

运行结果如图 4 - 3 所示。

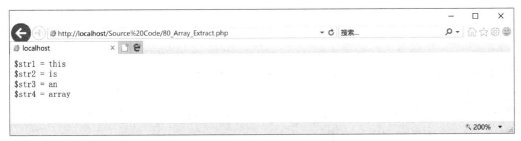

图 4 - 3　提取元素

4.4　统计元素个数

在 PHP 中，可以使用 count( ) 函数统计数组中的元素个数，语法格式如下。

```
int count(mixed $array[, int $mode]);
```

count( ) 函数的返回值为数组元素的个数。其中，$array 为需要统计元素个数的数组对象。$mode 为可选参数，用于指定统计方式，默认值为 0，表示只统计一维元素的个数；如果设置为 COUNT_RECURSIVE 或 1，表示递归地进行统计，即统计所有元素。

【实例 4 - 4(81_Array_Count. php)】　定义一个二维数组，并统计数组中的元素个数。实例代码如下。

```
< ? php
    //设置编码格式,正确显示中文
    header("content - Type: text/html; charset = gb2312");
    //定义一个二维数组
    $arr = array(array('this', 'is', 'an', 'example'), array('php', 'is',
       'the', 'best'), array('this', 'is', 'two - dimensional', 'array'));
    //显示结果
    print_r($arr);
    echo'<br/>一维元素个数:'. count($arr).'<br/>';
    echo '所有元素个数:'. count($arr, 1);
? >
```

运行结果如图 4-4 所示。

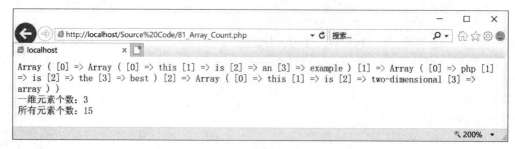

图4-4 统计元素个数

【添加元素】

4.5 添 加 元 素

在 PHP 中，数组中的元素个数可以是动态的，即可以根据需要在数组头或数组尾添加元素。

4.5.1 在数组头添加元素

在 PHP 中，可以使用 array_unshift( ) 函数在数组头添加元素，语法格式如下。

```
int array_unshift (array $array, mixed $value1 [, mixed $…]);
```

array_unshift( ) 函数的返回值为添加后的数组元素个数。其中，$array 为需要执行添加元素操作的数组对象；$value1 和 " $… " 为需要添加进数组的值。

> **说明：** 使用 array_unshift( ) 函数在数组头添加元素后，数字索引会从 0 开始重新计数，而关联索引不会发生改变。

【实例 4-5 (82_Array_Unshift. php)】 定义一个数组 "Array([0] => is [1] => an [2] => array)"，然后在数组头添加元素 "this"。实例代码如下。

```php
<?php
    //设置编码格式,正确显示中文
    header("content-Type: text/html; charset=gb2312");
    $arr = array('is', 'an', 'array');        //定义一个数组
    //显示结果
    echo '原数组元素个数:'. count($arr). '<br/>原数组:';
    print_r($arr);
    $num = array_unshift($arr, 'this');       //在数组头添加元素
    //显示结果
    echo '<br/>新数组元素个数:'. $num. '<br/>新数组:';
    print_r($arr);
?>
```

运行结果如图4-5所示。

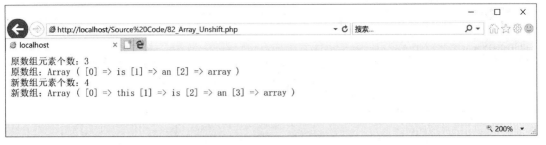

图 4-5　在数组头添加元素

4.5.2　在数组尾添加元素

在 PHP 中，可以使用 array_push( ) 函数在数组尾添加元素，语法格式如下。

```
int array_push(array $array, mixed $value1[, mixed $…]);
```

array_push( ) 函数的返回值为添加后的数组元素个数。其中，$array 为需要执行添加元素操作的数组对象；$value1 和 $… 为需要添加进数组的值。

【实例 4-6 (83_Array_Push. php) 】　定义一个数组"Array([0] => this [1] => is [2] => an)"，然后在数组尾添加元素"array"。实例代码如下。

```php
<? php
    //设置编码格式,正确显示中文
    header("content-Type: text/html; charset=gb2312");
    $arr = array('this', 'is', 'an');          //定义一个数组
    //显示结果
    echo '原数组元素个数:'. count($arr). '<br/>原数组:';
    print_r($arr);
    $num = array_push($arr, 'array');          //在数组尾添加元素
    //显示结果
    echo '<br/>新数组元素个数:'. $num. '<br/>新数组:';
    print_r($arr);
? >
```

运行结果如图 4-6 所示。

图 4-6　在数组尾添加元素

【删除元素】

4.6 删 除 元 素

在 PHP 中，数组中的元素个数可以是动态的，除了可以根据需要添加元素外，还可以根据需要在数组头或数组尾删除元素。

4.6.1 从数组头删除元素

在 PHP 中，可以使用 array_shift() 函数从数组头删除元素，语法格式如下。

```
mixed array_shift(array $array);
```

array_shift() 函数的返回值为数组中删除的元素值，即数组的第一个元素。其中，$array 为需要执行删除元素操作的数组对象。

> 说明：使用 array_shift() 函数从数组头删除元素后，数字索引会从 0 开始重新计数，而关联索引不会发生改变。

【实例 4-7 (84_Array_Shift. php)】 定义一个数组 "Array([0] => this [1] => is [2] => an [3] => array)"，然后从数组头删除一个元素。实例代码如下。

```php
<?php
    //设置编码格式,正确显示中文
    header("content-Type: text/html; charset=gb2312");
    $arr = array('this', 'is', 'an', 'array');    //定义一个数组
    //显示结果
    echo '原数组元素个数:'.count($arr).'<br/>原数组:';
    print_r($arr);
    $str = array_shift($arr);                  //从数组头删除元素
    //显示结果
    echo '<br/>删除元素:'. $str .'<br/> ';
    echo '新数组元素个数:'.count($arr).'<br/>新数组:';
    print_r($arr);
?>
```

运行结果如图 4-7 所示。

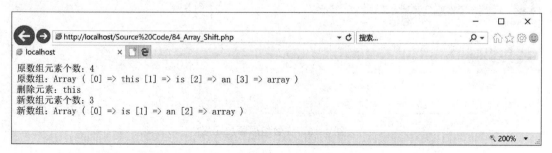

图 4-7 从数组头删除元素

4.6.2 从数组尾删除元素

在 PHP 中，可以使用 array_pop() 函数从数组尾删除元素，语法格式如下。

```
mixed array_pop(array $array);
```

array_pop() 函数的返回值为数组中删除的元素值，即数组的最后一个元素。其中，$array 为需要执行删除元素操作的数组对象。

【实例4-8(85_Array_Pop.php)】 定义一个数组 "Array([0] => this [1] => is [2] => an [3] => array)"，然后从数组尾删除一个元素。实例代码如下。

```php
<?php
    //设置编码格式,正确显示中文
    header("content-Type: text/html; charset=gb2312");
    $arr = array('this', 'is', 'an', 'array');    //定义一个数组
    //显示结果
    echo '原数组元素个数:'.count($arr).'<br/>原数组:';
    print_r($arr);
    $str = array_pop($arr);    //从数组尾删除元素
    //显示结果
    echo '<br/>删除元素:'. $str.'<br/> ';
    echo '新数组元素个数:'.count($arr).'<br/>新数组:';
    print_r($arr);
?>
```

运行结果如图4-8所示。

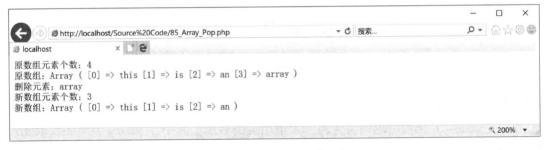

图4-8 从数组尾删除元素

4.7 获取数组索引

在 PHP 中，可以使用 array_keys() 函数获取数组中所有的索引名，语法格式如下。

```
array array_keys(array $array[, mixed $search_value[, bool $strict]]);
```

array_key() 函数的返回值为由索引组成的数组。其中，$array 为需要获取索引名的数组；$search_value 为可选参数，用于指定获取索引名的元素值；$strict 为可选参数，用于指定是否比较数据类型。

【实例 4 - 9(86_Array_Keys. php)】 定义一个数组 "Array([a] => this [b] => is [c] => an [d] => array)",然后获取数组中所有的索引名。实例代码如下。

```php
<?php
    //设置编码格式,正确显示中文
    header("content - Type: text/html; charset = gb2312");
    //定义一个数组
    $arr = array(a => 'this', b => 'is', c => 'an', d => 'array');
    //显示结果
    echo '数组结构:';
    print_r($arr);
    echo '<br/>数组的索引名:';
    print_r(array_keys($arr));
?>
```

运行结果如图 4 - 9 所示。

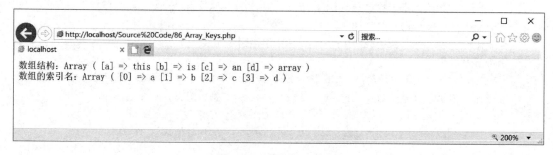

图 4 - 9　获取数组索引

4.8　获取数组值

在 PHP 中,可以使用 array_values() 函数获取数组中所有的元素值,语法格式如下。

```php
array array_values(array $array);
```

array_values() 函数的返回值为由元素值组成的数组。其中, $array 为需要获取元素值的数组。

【实例 4 - 10(87_Array_Values. php)】 定义一个数组 "Array([a] => this [b] => is [c] => an [d] => array)",然后获取数组中所有的元素值。实例代码如下。

```php
<?php
    //设置编码格式,正确显示中文
    header("content - Type: text/html; charset = gb2312");
    //定义一个数组
    $arr = array(a => 'this', b => 'is', c => 'an', d => 'array');
    //显示结果
    echo '数组结构:';
    print_r($arr);
```

```
        echo '<br/>数组的元素值:';
        print_r(array_values($arr));
    ?>
```

运行结果如图4-10所示。

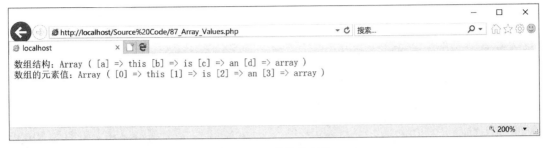

图4-10　获取数组值

4.9　查询指定元素

有时根据功能要求，需要定位指定的数组元素，这时就需要查询数组中的指定值或指定索引。

4.9.1　查询指定值

在PHP中，可以使用array_search()函数在数组中查询指定的元素值，语法格式如下。

```
mixed array_search(mixed $needle, array $haystack[, bool $strict]);
```

array_search()函数，如果找到指定的元素值，则返回相应的索引；如果没有找到指定的元素值，则返回false。其中，$needle为需要查询的元素值；$haystack为需要执行查询操作的数组对象；$strict为可选参数，用于指定是否比较数据类型。

【实例4-11(88_Array_Search.php)】定义一个数组"Array([0] => this [1] => is [2] => an [3] => array)"，然后查询其中值为"is"的元素。实例代码如下。

```
<?php
    //设置编码格式,正确显示中文
    header("content-Type: text/html; charset=gb2312");
    $arr = array('this', 'is', 'an', 'array');    //定义一个数组
    //显示结果
    echo '数组结构:';
    print_r($arr);
    echo '<br/>值为"is"的元素的索引:'. array_search('is', $arr);
?>
```

运行结果如图4-11所示。

111

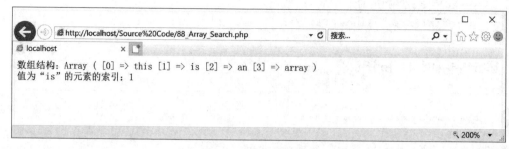

图 4-11　查询指定值

4.9.2　查询指定索引

在 PHP 中，可以使用 array_key_exists() 函数在数组中查询指定的索引，语法格式如下。

```
bool array_key_exists(mixed $key, array $array);
```

array_key_exists() 函数，如果找到指定的索引则返回 true，否则返回 false。其中，$key 为需要查询的索引名；$array 为需要执行查询操作的数组对象。

【实例 4-12(89_Array_Key_Exists. php)】　定义一个数组"Array([0] => this [1] => is [2] => an [3] => array)"，然后查询其中索引为 1 的元素。实例代码如下。

```php
<?php
    //设置编码格式,正确显示中文
    header("content-Type: text/html; charset=gb2312");
    $arr = array('this', 'is', 'an', 'array');          //定义一个数组
    //显示结果
    echo '数组结构:';
    print_r($arr);
    $boo = array_key_exists('1', $arr);                 //查询指定索引
    //判断是否找到指定的索引
    if ($boo)
        //显示结果
        echo '<br/>数组中存在索引为"1"的元素。';
?>
```

运行结果如图 4-12 所示。

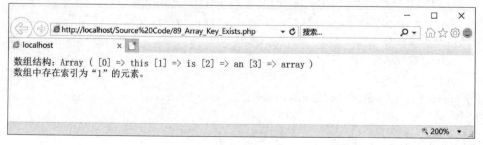

图 4-12　查询指定索引

4.10　统计元素出现的频度

在 PHP 中，可以使用 array_count_values() 函数统计元素在数组中出现的频度，语法格式如下。

```
array array_count_values(array $array);
```

array_count_values() 函数的返回值为索引名为原数组的元素值、元素值为元素出现频度的数组。其中，$array 为需要统计元素出现频度的数组对象。

【实例 4 - 13 (90_Array_Count_Values. php)】　定义一个数组 "Array([0] => php [1] => array [2] => array [3] => example)"，然后统计元素出现的频度。实例代码如下。

```php
<?php
    //设置编码格式,正确显示中文
    header("content-Type: text/html; charset=gb2312");
    //定义一个数组
    $arr = array('php', 'array', 'array', 'example');
    //显示结果
    echo '数组结构:';
    print_r($arr);
    echo '<br/>元素出现的频度:';
    print_r(array_count_values($arr));
?>
```

运行结果如图 4-13 所示。

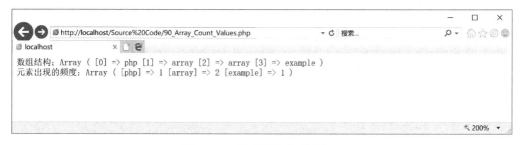

图 4-13　统计元素出现的频度

4.11　删除重复元素

在 PHP 中，可以使用 array_unique() 函数删除数组中的重复元素，语法格式如下。

【统计元素和删除重复元素】

```
array array_unique(array $array[, int $sort_flags]);
```

array_unique() 函数的返回值为删除重复元素后的数组。其中，$array 为需要删除重复元素的数组对象。$sort_flags 为可选参数，用于指定排序方式，默认值为 SORT_ STRING，表示元素值作为字符串进行排序；如果设置为 SORT_NUMERIC，表示元素值作为数值进行排序；如果设置为 SORT_REGULAR，表示元素值作为默认数据类型进行排序；如果设置为 SORT_LOCALE_STRING，表示元素值根据本地化设置，作为字符串进行排序。

> **说明**：array_unique() 函数会将数组元素的值逐一进行比较，只保留第一个元素，忽略后面重复的元素。

> **注意**：使用 array_unique() 函数删除重复元素后，并不会对数字索引重新从 0 开始计数，即被删除的元素索引会被空出来，可能会导致数字索引出现不连续的情况。这时可以使用 array_splice() 函数对数字索引重新排序（具体用法请参考《PHP 参考手册》）。

【**实例 4 - 14(91_Array_Unique. php)**】 定义一个数组"Array([0] => php [1] => array [2] => array [3] => example)"，然后删除其中的重复元素。实例代码如下。

```php
<?php
    //设置编码格式,正确显示中文
    header("content - Type: text/html; charset = gb2312");
    //定义一个数组。
    $arr1 = array('php', 'array', 'array', 'example');
    //显示结果
    echo '数组结构:';
    print_r($arr1);
    $arr2 = array_unique($arr1);              //删除重复元素
    //显示结果
    echo '<br/>删除重复元素后的数组结构:';
    print_r($arr2);
    $arr3 = array_splice($arr2, 0);           //对数字索引重新排序
    //显示结果
    echo '<br/>索引重新排序后的数组结构:';
    print_r($arr3);
?>
```

运行结果如图 4 - 14 所示。

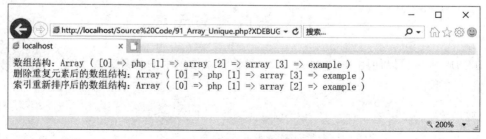

图 4 - 14　删除重复元素

4.12　数组排序

有时根据功能要求,需要对数组重新排序,这就包括对值进行排序和对索引进行排序。

4.12.1　对值进行排序

在 PHP 中,可以对数组的值进行升序排序、降序排序和自然排序。

1. 升序排序

在 PHP 中,可以使用 sort( ) 函数和 asort( ) 函数对数组中的值进行升序排序,语法格式如下。

【元素值排序】

```
bool sort(array $array[, int $sort_flags]);
```

和

```
bool asort(array $array[, int $sort_flags]);
```

sort( ) 函数和 asort( ) 函数的返回值为是否排序成功,即排序成功返回 true,否则返回 false。其中, $array 为需要对值进行排序的数组对象。$sort_flags 为可选参数,用于指定排序方式,默认值为 SORT_REGULAR,表示元素值作为默认数据类型进行排序;如果设置为 SORT_STRING,表示元素值作为字符串进行排序;如果设置为 SORT_NUMERIC,表示元素值作为数值进行排序;如果设置为 SORT_LOCALE_STRING,表示元素值根据本地化设置,作为字符串进行排序。

> 说明:sort( ) 函数和 asort( ) 函数的作用是一样的,两者的区别在于 sort( ) 函数排序时不会关联索引和值,而 asort( ) 函数排序时会关联索引和值。

【实例 4 - 15 (92_Array_Sort. php) 】　定义两个数组 " Array ([0] => 2 [1] => 1 [2] => 4 [3] => 3)",然后分别对数组中的值进行升序排序。实例代码如下。

```php
<?php
    //设置编码格式,正确显示中文
    header("content-Type: text/html; charset=gb2312");
    $arr1 = array(2, 1, 4, 3);          //定义一个数组
    $arr2 = array(2, 1, 4, 3);          //定义一个数组
    echo '数组结构:';                   //显示结果
    print_r($arr1);                     //输出数组结构
    sort($arr1);                        //对值进行升序排序
    echo '<br/>对值进行升序排序:';       //显示结果
    print_r($arr1);                     //输出数组结构
    asort($arr2);                       //对值进行升序排序
    echo '<br/>对值进行升序排序:';       //显示结果
```

PHP编程基础与实践教程

```
    print_r($arr2);                    //输出数组结构
?>
```

运行结果如图4-15所示。

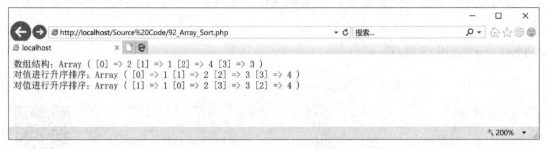

图4-15　对值进行升序排序

2. 降序排序

在PHP中，可以使用rsort()函数和arsort()函数对数组中的值进行降序排序，语法格式如下。

```
bool rsort(array $array[, int $sort_flags]);
```

和

```
bool arsort(array $array[, int $sort_flags]);
```

rsort()函数和arsort()函数的返回值为是否排序成功，即排序成功返回true，否则返回false。其中，$array为需要对值进行排序的数组对象。$sort_flags为可选参数，用于指定排序方式，默认值为SORT_REGULAR，表示元素值作为默认数据类型进行排序；如果设置为SORT_STRING，表示元素值作为字符串进行排序；如果设置为SORT_NUMERIC，表示元素值作为数值进行排序；如果设置为SORT_LOCALE_STRING，表示元素值根据本地化设置，作为字符串进行排序。

> 说明：rsort()函数和arsort()函数的作用是一样的，两者的区别在于rsort()函数排序时不会关联索引和值，而arsort()函数排序时会关联索引和值。

【实例4-16(93_Array_Rsort.php)】　定义两个数组"Array([0] => 2 [1] => 1 [2] => 4 [3] => 3)"，然后分别对数组中的值进行降序排序。实例代码如下。

```
<?php
    //设置编码格式,正确显示中文
    header("content-Type: text/html; charset=gb2312");
    $arr1 = array(2, 1, 4, 3);    //定义一个数组
    $arr2 = array(2, 1, 4, 3);    //定义一个数组
    echo '数组结构:';              //显示结果
    print_r($arr1);               //输出数组结构
    rsort($arr1);                 //对值进行降序排序
```

116

```
echo '<br/>对值进行降序排序:';        //显示结果
print_r($arr1);                      //输出数组结构
arsort($arr2);                       //对值进行降序排序
echo '<br/>对值进行降序排序:';        //显示结果
print_r($arr2);                      //输出数组结构。
?>
```

运行结果如图4-16所示。

```
http://localhost/Source%20Code/93_Array_Rsort.php

localhost

数组结构: Array ( [0] => 2 [1] => 1 [2] => 4 [3] => 3 )
对值进行降序排序: Array ( [0] => 4 [1] => 3 [2] => 2 [3] => 1 )
对值进行降序排序: Array ( [2] => 4 [3] => 3 [0] => 2 [1] => 1 )
```

图4-16　对值进行降序排序

3. 自然排序

在 PHP 中，可以使用 natsort() 函数和 natcasesort() 函数对数组中的值进行自然排序，语法格式如下。

```
bool natsort(array $array);
```

和

```
bool natcasesort(array $array);
```

natsort() 函数和 natcasesort() 函数的返回值为是否排序成功，即排序成功返回 true，否则返回 false。其中，$array 为需要对值进行排序的数组对象。

> 说明：natsort() 函数和 natcasesort() 函数的作用是一样的，两者的区别在于 natsort() 函数区分大小写，而 natcasesort() 函数不区分大小写。

【实例4-17(94_Array_Natsort. php)】　定义两个数组 "Array([0] => file2 [1] => File1 [2] => File4 [3] => flie3)"，然后分别对数组中的值进行自然排序。实例代码如下。

```
<?php
    //设置编码格式,正确显示中文
    header("content-Type: text/html; charset=gb2312");
    //定义一个数组
    $arr1 = array('file2', 'File1', 'File4', 'file3');
    //定义一个数组
    $arr2 = array('file2', 'File1', 'File4', 'file3');
    echo '数组结构:';            //显示结果
```

```
    print_r($arr1);                          //输出数组结构
    natsort($arr1);                          //对值进行自然排序
    echo '<br/>对值进行自然排序:';            //显示结果
    print_r($arr1);                          //输出数组结构
    natcasesort($arr2);                      //对值进行自然排序
    echo '<br/>对值进行自然排序:';            //显示结果
    print_r($arr2);                          //输出数组结构
?>
```

运行结果如图 4-17 所示。

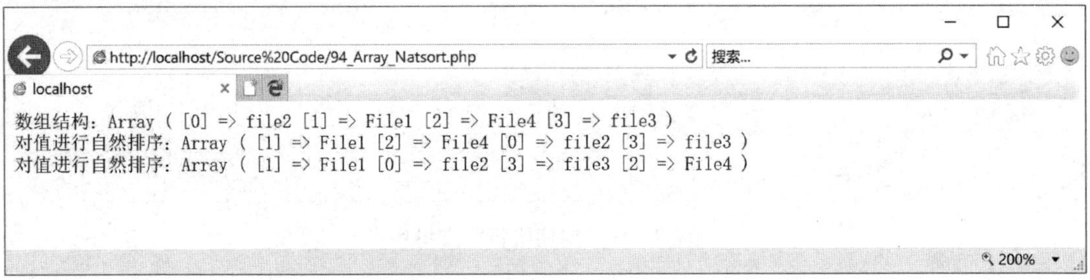

http://localhost/Source%20Code/94_Array_Natsort.php
搜索...
localhost
数组结构: Array ([0] => file2 [1] => File1 [2] => File4 [3] => file3)
对值进行自然排序: Array ([1] => File1 [2] => File4 [0] => file2 [3] => file3)
对值进行自然排序: Array ([1] => File1 [0] => file2 [3] => file3 [2] => File4)
200%

图 4-17　对值进行自然排序

说明：自然排序是人们平常使用最多的排序机制，因此使用 natsort( ) 函数和 natcasesort( ) 函数对数组的值进行排序更符合人们的习惯。

4.12.2　对索引进行排序

在 PHP 中，除了可以对数组的值进行排序外，还可以根据索引对数组元素进行升序排序和降序排序。

1. 升序排序

在 PHP 中，可以使用 ksort( ) 函数对索引进行升序排序，语法格式如下。

```
bool ksort(array $array[, int $sort_flags]);
```

ksort( ) 函数的返回值为是否排序成功，即排序成功返回 true，否则返回 false。其中，$array 为需要对索引进行排序的数组对象。$sort_flags 为可选参数，用于指定排序方式，默认值为 SORT_REGULAR，表示元素值作为默认数据类型进行排序；如果设置为 SORT_STRING，表示元素值作为字符串进行排序；如果设置为 SORT_NUMERIC，表示元素值作为数值进行排序；如果设置为 SORT_LOCALE_STRING，表示元素值根据本地化设置，作为字符串进行排序。

【实例 4-18(95_Array_Ksort. php)】　定义一个数组"Array([2] => 1 [1] => 2 [4] => 3 [3] => 4)"，然后对索引进行升序排序。实例代码如下。

```
<?php
```

```
//设置编码格式,正确显示中文
header("content - Type: text/html; charset = gb2312");
//定义一个数组
$arr = array(2 =>1, 1 =>2, 4 =>3, 3 =>4);
echo '数组结构:';                      //显示结果
print_r($arr);                         //输出数组结构
ksort($arr);                           //对索引进行升序排序
echo '<br/>对索引进行升序排序:';       //显示结果
print_r($arr);                         //输出数组结构
?>
```

运行结果如图 4 - 18 所示。

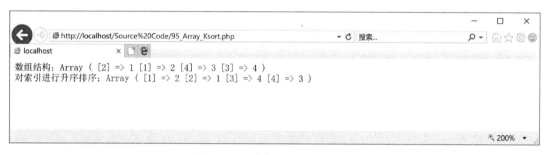

图 4 - 18 对索引进行升序排序

2. 降序排序

在 PHP 中,可以使用 krsort() 函数对索引进行降序排序,语法格式如下。

```
bool krsort(array $array[, int $sort_flags]);
```

krsort() 函数的返回值为是否排序成功,即排序成功返回 true,否则返回 false。其中,$array 为需要对索引进行排序的数组对象。$sort_flags 为可选参数,用于指定排序方式,默认值为 SORT_REGULAR,表示元素值作为默认数据类型进行排序;如果设置为 SORT_STRING,表示元素值作为字符串进行排序;如果设置为 SORT_NUMERIC,表示元素值作为数值进行排序;如果设置为 SORT_LOCALE_STRING,表示元素值根据本地化设置,作为字符串进行排序。

【实例 4 - 19(96_Array_Krsort. php)】 定义一个数组 "Array([2] => 1 [1] => 2 [4] => 3 [3] => 4)",然后对索引进行降序排序。实例代码如下。

```
<?php
//设置编码格式,正确显示中文
header("content - Type: text/html; charset = gb2312");
//定义一个数组
$arr = array(2 =>1, 1 =>2, 4 =>3, 3 =>4);
echo '数组结构:';          //显示结果
print_r($arr);             //输出数组结构
krsort($arr);              //对索引进行降序排序
```

```
    echo '<br/>对索引进行降序排序:';      //显示结果
    print_r($arr);                      //输出数组结构
?>
```

运行结果如图 4-19 所示。

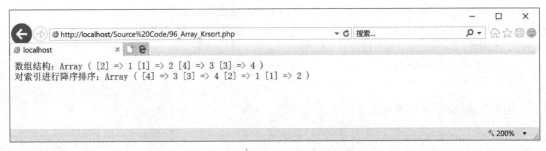

图 4-19　对索引进行降序排序

习　　题

1. 填空题

（1）在 PHP 中，可以使用_____函数在数组头添加元素，使用_____函数在数组尾添加元素。

（2）在 PHP 中，可以使用_____函数在数组头删除元素，使用_____函数在数组尾删除元素。

（3）在 PHP 中，可以使用_____函数获取数组中所有的索引名，使用_____函数获取数组中所有的元素值。

（4）在 PHP 中，可以使用_____函数在数组中查询指定的元素值，使用_____函数在数组中查询指定的索引。

（5）在 PHP 中，可以使用_____函数和_____函数对数组的元素值进行升序排序，其中_____函数会在排序时关联数组中的索引和元素值，而_____函数不会在排序时关联数组中的索引和元素值。

（6）在 PHP 中，可以使用_____函数和_____函数对数组的元素值进行降序排序，其中_____函数会在排序时关联数组中的索引和元素值，而_____函数不会在排序时关联数组中的索引和元素值。

（7）在 PHP 中，可以使用_____函数和_____函数对数组的元素值进行自然排序，其中_____函数区分大小写，而_____函数不区分大小写。

（8）在 PHP 中，可以使用_____函数对数组的索引进行升序排序，使用_____函数对数组的索引进行降序排序。

2. 选择题

（1）在 PHP 中，可以使用_____函数统计数组中的元素个数。

A．constant( )　　　　B．count( )　　　　C．const( )　　　　D．list( )

（2）在 PHP 中，可以使用_____函数在数组中统计元素出现的频度。

A．list( )　　　　　　　　　　　　B．const( )

C．array_count_values( )　　　　　　D．count( )

（3）在 PHP 中可以使用_____函数删除数组中的重复元素。

A．array_unique( )　　　　　　　　B．array_push( )

C．array_pop( )　　　　　　　　　　D．array_shift( )

3．编程题

对字符串"2@1@4@3@7@6@8@2@4@6"进行操作，实现以下功能。

① 通过分隔符"@"将字符串分割为数组。

② 统计数组中的元素个数。

③ 统计数组中元素出现的频度。

④ 删除重复的元素。

⑤ 在数组头添加值为 9 的元素，在数组尾添加值为 5 的元素。

⑥ 对数组元素进行升序排序。

⑦ 获取并删除值最小的元素和值最大的元素。

【习题答案】

第 5 章

与Web页面的交互

本章主要内容：

- 在 Web 页面中嵌入 PHP 脚本的方法
- 获取表单数据的方法
- name 属性的设置方法
- Cookie 和 Session 的概念及使用方法

5.1　嵌入 PHP 脚本

在 Web 页面中嵌入 PHP 脚本的方式有两种。

1. 直接在 < html > 标签中嵌入 PHP 标记

在 Web 编码过程中，可以在 < html > 标签中的任何位置加入 PHP 【嵌入 PHP 脚本】
标记，即使用标记对将 PHP 代码部分包含起来，以说明该段代码为 PHP 代码，而标记对
以外的任何文本都被认为是普通的 HTML 文本。

> **说明**：除了可以在 PHP 标记对中写入 PHP 脚本外，还可以使用 include 语句引用外
> 部 PHP 文件。

> **注意**：由于 PHP 脚本需要通过服务器解析才能识别，因此在 HTML 文件中的 PHP 脚
> 本并不会被解析，所以需要在 PHP 文件中编写 Web 页面。

【实例 5 - 1】　在 HTML 中嵌入 PHP 脚本，并引用外部 PHP 文件，输出"在 HTML 中
嵌入 PHP 脚本"。实例代码如下。

① 97_Embedded_Script.php

```
< html >
    < head >
        < title >在 HTML 中嵌入 PHP 脚本 < /title >
        < ?php      //在 HTML 中嵌入 PHP 脚本
            //调用外部 PHP 文件
            include '98_Include_File.php';
        ? >
    < /head >
    < body >
    < /body >
< /html >
```

② 98_Include_File.php

```
< ?php
    //设置编码格式,正确显示中文
    header("content - Type: text/html; charset = gb2312");
    echo '在 HTML 中嵌入 PHP 脚本';     //显示结果
? >
```

运行结果如图 5 - 1 所示。

2. 为表单元素赋值

在实际开发中，用户看见的页面（表现层）基本都是由表单元素组成的，即业务逻辑

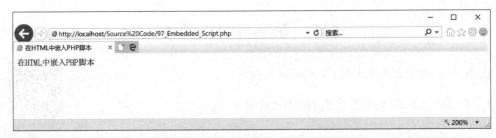

图 5-1　在 HTML 中嵌入 PHP 脚本

处理的结果应该通过表单元素显示给用户，因此需要使用 PHP 脚本对表单元素的 value 属性赋值，即在表单元素的 value 属性中嵌入 PHP 脚本。

【实例 5-2(99_Embedded_Assignment. php)】　在 HTML 中嵌入 PHP 脚本，并在文本框中输出"为表单元素赋值"。实例代码如下。

```
<html>
    <head>
        <title>为表单元素赋值</title>
        <?php      //在 HTML 中嵌入 PHP 脚本
            //设置编码格式,正确显示中文
            header("content-Type: text/html; charset=gb2312");
            //定义一个字符串型变量
            $str = '为表单元素赋值';
        ?>
    </head>
    <body>
        <input name="output_text" type="text" value="<?php echo $str; ?>">
    </body>
</html>
```

运行结果如图 5-2 所示。

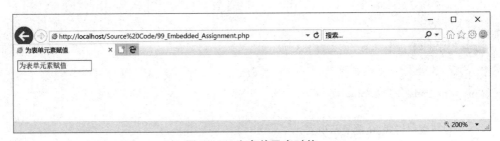

图 5-2　为表单元素赋值

5.2　获取表单数据

【获取表单数据】

HTML 通常使用 POST( ) 和 GET( ) 方法来提交表单数据；而在 PHP 中，则相应地使用 "$_POST [ ]" 和 "$_GET [ ]" 全局变量来获取页面提交的表单数据。

1. POST( )

在 HTML 中, 将 <form> 标签的 method 属性设置为 POST, 即可使用 POST( ) 方法提交表单数据。

> **说明**: <form> 标签的 action 属性可以用来指定跳转并获取表单数据的另一个页面, 即可以用来实现页面的数据传递。

POST( ) 方法不依赖 URL, 即提交的数据在后台进行传输, 并不会在浏览器地址栏中显示, 因此其安全性较高, 适用于提交保密的或容量较大的数据。

在 PHP 中, 可以使用 "$_POST [ ]" 全局变量来获取由 POST( ) 方法提交的表单数据, 语法格式如下。

```
$_POST['name']
```

"$_POST [ ]" 全局变量获取的是表单元素的 value 属性值。其中, name 为需要获取数据的表单元素的 name 属性值。

> **注意**: name 区分大小写。

【**实例 5 - 3(100_POST. php)**】 使用 POST( ) 方法提交文本框的值, 然后在另一个文本框中显示。实例代码如下。

```html
<html>
  <head>
    <title>使用 POST()方法提交表单数据</title>
    <?php    //在 HTML 中嵌入 PHP 脚本
      //设置编码格式,正确显示中文
      header("content-Type: text/html; charset=gb2312");
      //获取表单数据
      $str = $_POST['input_text'];
    ?>
  </head>
  <body>
    <form name="form" method="post">
      <input name="input_text" type="text" value="使用 POST()方法提交表单
          数据">
      <input name="submit" type="submit" value="提交">
      <input name="output_text" type="text" value="<?php echo $str; ?>">
    </form>
  </body>
</html>
```

运行结果如图 5 - 3 所示。

图 5 - 3　使用 POST( ) 方法提交表单数据

2. GET( )

在 HTML 中, 将 < form > 标签的 method 属性设置为 GET, 即可使用 GET( ) 方法来提交表单数据。

GET( ) 方法依赖 URL, 即提交的数据附加在 URL 之后, 并作为 URL 的一部分在浏览器地址栏中显示, 因此其安全性较低, 适用于提交非保密的或容量较小的数据。

在 PHP 中, 可以使用 "$ _GET [ ]" 全局变量来获取由 GET( ) 方法提交的表单数据, 语法格式如下。

```
$_GET['name']
```

" $ _GET [ ]" 全局变量获取的是表单元素的 value 属性值。其中, name 为需要获取数据的表单元素的 name 属性值。

> **注意:** name 区分大小写。

【**实例 5 - 4(101_GET. php)**】　使用 GET( ) 方法提交文本框的值, 然后在另一个文本框中显示。实例代码如下。

```
<html >
    <head >
        <title >使用 GET()方法提交表单数据</title >
        <?php        //在 HTML 中嵌入 PHP 脚本
            //设置编码格式,正确显示中文
            header("content - Type: text/html; charset = gb2312");
            //获取表单数据
            $str = $_GET['input_text'];
        ? >
    </head >
    <body >
        <form name ="form" method ="get" >
            <input name ="input_text" type ="text" value ="使用 GET()方法提交表单
                数据" >
            <input name ="submit" type ="submit" value ="提交" >
            <input name ="output_text" type ="text" value =" <?php echo $str; ? >" >
```

```
            </form>
        </body>
    </html>
```

运行结果如图5-4所示。

图5-4　使用 GET( ) 方法提交表单数据

5.3　name 属性的设置

无论是 POST( ) 方法，还是 GET( ) 方法，在获取表单数据时都需要使用表单元素的 name 属性值，即表达元素的 name 属性值必须正确设置，而且 "$_POST [ ]" 全局变量和 "$_GET [ ]" 全局变量中的 name 参数必须与表单元素的 name 属性值完全一致。

在 HTML 中，常用的表单元素有文本框、单选按钮、复选框、下拉列表、菜单列表和文件域等。由于作用不同，这些表单元素的 name 属性的设置方法也有所不同。

5.3.1　文本框

在 HTML 中，将 <input> 标签的 type 属性设置为 text 时，该表单元素为文本框；将 <input> 标签的 type 属性设置为 password 时，该表单元素为密码域；将 <input> 标签的 type 属性设置为 hidden 时，该表单元素为隐藏域。

对于文本框、密码域和隐藏域来说，通常将各个表单元素的 name 属性值分别设置不同的值，即可分别获取相应的表单元素的 value 属性值。

【实例 5-5(102_Value_of_Textbox. php)】　分别获取文本框、密码域、隐藏域和按钮的值。实例代码如下。

```
<html>
    <head>
        <title>获取文本框的值</title>
        <?php    //在 HTML 中嵌入 PHP 脚本
            //设置编码格式,正确显示中文
            header("content-Type: text/html; charset=gb2312");
            //判断是否单击"提交"按钮
            if ($_POST['submit'] == '提交')
            {
                //获取表单数据
                $arr['文本框'] = $_POST['input_text'];
                $arr['密码域'] = $_POST['input_password'];
```

127

```
                $arr['隐藏域'] = $_POST['input_hidden'];
            }
        ? >
    </head>
    <body>
        <form name ="form" method ="post" >
            <input name ="input_text" type ="text" value ="文本框" >
            <input name ="input_password" type ="password" value ="密码域" >
            <input name ="input_hidden" type ="hidden" value ="隐藏域" >
            <input name ="input_button" type ="button" value ="按钮" >
            <input name ="submit" type ="submit" value ="提交" >
            <input name ="output_text" type ="text" value ="<?php print_
                r($arr); ? >" >
        </form>
    </body>
</html>
```

运行结果如图 5-5 所示。

图 5-5　获取文本框的值

5.3.2　单选按钮

在 HTML 中，将 <input> 标签的 type 属性设置为 radio 时，该表单元素为单选按钮。

单选按钮是成组使用的，通常将成组的单选按钮的 name 属性值分别设置相同的值，即可获取被选中的表单元素的 value 属性值。

> 说明：在单选按钮中可以用 checked 属性来设置表单元素默认被选中，即页面初始化时，具有 checked 属性的单选按钮为选中状态。

【实例 5-6(103_Value_of_Radio. php)】　获取被选中的单选按钮的值。实例代码如下。

```
<html >
    <head >
        <title >获取单选按钮的值 </title >
        <?php    //在 HTML 中嵌入 PHP 脚本
```

```
            //设置编码格式,正确显示中文
            header("content - Type: text/html; charset = gb2312");
            //判断是否单击"提交"按钮
            if ( $_POST['submit'] == '提交')
            {
                //获取表单数据
                $str = '性别为:'. $_POST['sex'];
            }
        ? >
    </head>
    <body>
        < form name ="form" method ="post" >
            < input name ="sex" type ="radio" value ="男" checked >男
            < input name ="sex" type ="radio" value ="女" >女
            < input name ="submit" type ="submit" value ="提交" >
            < input name ="output_text" type ="text" value =" <?php echo $str; ? >" >
        </form >
    </body>
</html >
```

运行结果如图5-6所示。

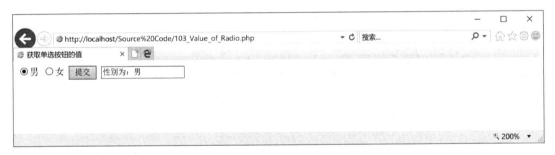

图5-6　获取单选按钮的值

5.3.3　复选框

在 HTML 中，将 <input> 标签的 type 属性设置为 checkbox 时，该表单元素为复选框。
复选框是成组使用的，通常将成组的复选框的 name 属性值分别设置相同的值，同时
由于复选框中被选中的值可能会有多个，因此应该以数组的形式命名复选框的 name 属性
值，从而以数组的方式获取被选中的表单元素的 value 属性值。

> **说明**：在复选框中可以用 checked 属性来设置表单元素默认被选中，即页面初始化
> 时，具有 checked 属性的复选框为选中状态。

【**实例5-7(104_Value_of_Checkbox. php)**】　获取被选中的复选框的值。实例代码
如下。

129

```
<html>
    <head>
        <title>获取复选框的值</title>
        <?php        //在 HTML 中嵌入 PHP 脚本
            //设置编码格式,正确显示中文
            header("content - Type: text/html; charset = gb2312");
            //判断是否单击"提交"按钮
            if ( $_POST['submit'] == '提交')
            {
                //获取表单数据
                $arr = $_POST['alphabet'];
                //定义一个字符串型变量
                $str = '选中的值:';
                //遍历数组
                for ( $i = 0; $i < count( $arr); $i ++)
                {
                    $str .= $arr[ $i].' ';      //连接字符串
                }
            }
        ?>
    </head>
    <body>
        <form name ="form" method ="post">
            <input name ="alphabet[]" type ="checkbox" value ="A" checked>A
            <input name ="alphabet[]" type ="checkbox" value ="B" checked>B
            <input name ="alphabet[]" type ="checkbox" value ="C" checked>C
            <input name ="submit" type ="submit" value ="提交">
            <input name ="output_text" type ="text" value ="<?php echo $str; ?>">
        </form>
    </body>
</html>
```

运行结果如图 5-7 所示。

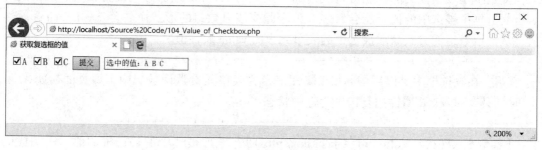

图 5-7　获取复选框的值

5.3.4　下拉列表

在 HTML 中，不设置 < select > 标签的 multiple 属性时该表单元素为下拉列表。

> **说明**：当 size 属性设置为 1 时，为下拉列表；当 size 属性设置为大于 1 时，为列表框，如果列表中的元素个数大于 size 属性值，会自动添加垂直滚动条。

下拉列表的 name 属性值的设置方法与文本框的设置方法类似，即将各个下拉列表的 name 属性值分别设置不同的值，即可分别获取相应的下拉列表中被选中项的 value 属性值。

> **说明**：在下拉列表中可以用 selected 属性来设置下拉列表中的元素默认被选中，即页面初始化时，具有 selected 属性的下拉列表元素为选中状态。

【实例 5 - 8(105_Value_of_Select. php)】　获取被选中的下拉列表元素的值。实例代码如下。

```
<html >
    <head >
        <title >获取下拉列表的值</title >
        <?php      //在 HTML 中嵌入 PHP 脚本
            //设置编码格式,正确显示中文
            header("content - Type: text/html; charset = gb2312");
            //判断是否单击"提交"按钮
            if ( $_POST['submit'] == '提交')
            {
                //获取表单数据
                $str = '选中的值:'. $_POST['alphabet'];
            }
        ? >
    </head >
    <body >
        < form name ="form" method ="post" >
            < select name ="alphabet" size ="1" >
                < option value ="A" selected >A </option >
                < option value ="B" >B </option >
                < option value ="C" >C </option >
            </select >
            < input name ="submit" type ="submit" value ="提交" >
            < input name ="output_text" type ="text" value ="<?php echo $str; ? >" >
        </form >
    </body >
</html >
```

运行结果如图 5 - 8 所示。

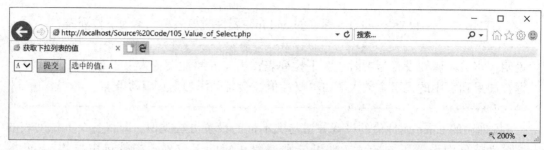

图 5 - 8　获取下拉列表的值

5.3.5　菜单列表

在 HTML 中，设置了 < select > 标签的 multiple 属性时，该表单元素为菜单列表。

菜单列表中被选中的值可能会有多个，因此应该以数组的形式命名菜单列表的 name 属性值，从而以数组的方式获取菜单列表中被选中项的 value 属性值。

> **说明**：在菜单列表中可以用 selected 属性来设置菜单列表中的元素默认被选中，即页面初始化时，具有 selected 属性的菜单列表元素为选中状态。

【实例 5 - 9(106_Value_of_Mutiple. php)】　获取被选中的菜单列表元素的值。实例代码如下。

```html
<html>
    <head>
        <title>获取菜单列表的值</title>
        <?php    //在 HTML 中嵌入 PHP 脚本
            //设置编码格式,正确显示中文
            header("content - Type: text/html; charset = gb2312");
            //判断是否单击"提交"按钮
            if ( $_POST['submit'] == '提交')
            {
                //获取表单数据
                $arr = $_POST['alphabet'];
                //定义一个字符串型变量
                $str = '选中的值:';
                //遍历数组
                for ( $i = 0; $i < count( $arr); $i ++)
                {
                    $str .= $arr[$i].' ';    //连接字符串
                }
            }
        ?>
    </head>
```

```
<body>
    <form name ="form" method ="post" >
        <select name ="alphabet[]" size ="3" multiple >
            <option value ="A" selected >A</option >
            <option value ="B" selected >B</option >
            <option value ="C" selected >C</option >
        </select >
        <input name ="submit" type ="submit" value ="提交" >
        <input name ="output_text" type ="text" value =" <?php echo $str; ? >">
    </form >
</body >
</html >
```

运行结果如图 5 - 9 所示。

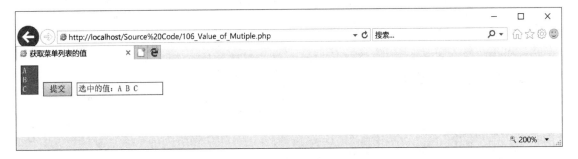

图 5 - 9 获取菜单列表的值

说明: 选择菜单列表中的元素时, 需要使用 Ctrl 键对菜单列表进行复选。

5.3.6 文件域

在 HTML 中, 将 <input> 标签的 type 属性设置为 file 时, 该表单元素为文件域。

文件域的 name 属性值的设置方法与文本框的设置方法类似, 即将各个文件域的 name 属性值分别设置不同的值, 即可分别获取相应的文件域的 value 属性值。

说明: 文件域的 value 属性值为上传文件的绝对路径。

【实例 5 - 10(107_Value_of_File.php)】 获取上传文件的绝对路径。实例代码如下。

```
<html >
    <head >
        <title >获取文件域的值</title >
        <?php    //在 HTML 中嵌入 PHP 脚本
            //设置编码格式,正确显示中文
```

133

```
        header("content-Type: text/html; charset=gb2312");
        //判断是否单击"提交"按钮
        if ($_POST['submit'] == '提交')
        {
            //获取表单数据
            $str = '绝对路径:'. $_POST['upload'];
        }
    ?>
</head>
<body>
    <form name ="form" method ="post" >
        <input name ="upload" type ="file" >
        <input name ="submit" type ="submit" value ="提交" >
        <input name ="output_text" type ="text" value ="<?php echo $str; ?>" >
    </form>
</body>
</html>
```

运行结果如图 5-10 所示。

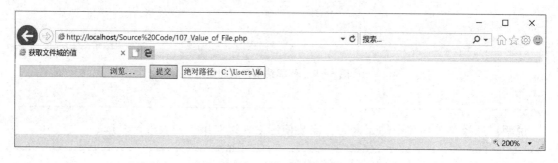

图 5-10 获取文件域的值

【Cookie】

5.4   Cookie

Cookie 是 HTTP 下,服务器或脚本可以维护客户浏览器上信息的一种方式,是一种在客户浏览器上存储数据,并以此来跟踪和识别用户的机制。

5.4.1   Cookie 的概念

简单来说,Cookie 是一个暂存在用户硬盘上的文本文件,并能够被浏览器读取,即用户在访问网站时,网站可以通过读取 Cookie 文件来获取特定的用户信息,从而迅速做出响应。例如,用户二次登录时可以不需要输入登录名和密码即可直接登录网站。

用户在第一次访问网站时,服务器会记录下特定的用户信息,并生成相应的 Cookie 文件,存储在用户硬盘的指定位置;用户再次访问网站时,网站通过读取相应的 Cookie 文件,以此识别特定的用户信息,从而迅速做出响应。

Cookie 除了主要用于记录特定的用户信息外，还可以在页面之间传递变量，并提高再次浏览的速度。

> **注意：** 由于不是所有浏览器都支持 Cookie，因此一般不建议用 Cookie 保存数据集或其他大量数据。同时，Cookie 以明文文本的形式保存数据信息，因此不要用 Cookie 保存敏感的、未加密的数据。

> **说明：** 浏览器最多存储 300 个 Cookie 文件，每个 Cookie 文件的最大容量为 4KB，每个域名最多支持 20 个 Cookie。如果达到限制，浏览器会自动地随机删除 Cookie 文件。

5.4.2 Cookie 的使用

在 PHP 中，使用 Cookie 主要有创建 Cookie、读取 Cookie 和删除 Cookie 三个步骤。

1. 创建 Cookie

在 PHP 中，可以使用 setcookie() 函数创建 Cookie，语法格式如下。

```
bool setcookie(string $name[, string $value[, int $expire[, string $path
    [, string $domain[, bool $secure[, bool $httponly]]]]]]);
```

setcookie() 函数，如果创建成功则返回 true，否则返回 false。其中，$name 为 Cookie 名称；$value 为可选参数，用于指定 Cookie 值；$expire 为可选参数，用于指定 Cookie 的过期时间，该时间为 UNIX 时间戳；$path 为可选参数，用于指定 Cookie 有效的服务器路径，默认值为设置 Cookie 时的当前目录；$domain 为可选参数，用于指定 Cookie 的有效域名；$secure 为可选参数，用于指定 Cookie 是否仅通过安全的 HTTPS 连接传给客户端；$httponly 为可选参数，用于指定 Cookie 是否仅可通过 HTTP 协议访问。

> **说明：** 如果不设置 Cookie 的过期时间，表示它的生命周期为浏览器会话的期间，只要关闭浏览器就会被自动删除，这种 Cookie 一般保存在内存中，而不保存在硬盘上；如果设置了 Cookie 的过期时间，那么浏览器会将它保存在硬盘中，不管是否关闭浏览器，它都只会在指定的失效时间被自动删除。

> **注意：** Cookie 是 HTTP 头标的组成部分，必须在页面其他内容之前发送，即最先输出，否则会导致程序出错。

2. 读取 Cookie

在 PHP 中，可以使用 " $_COOKIE[ ]" 全局变量读取 Cookie 值，语法格式如下。

```
$_COOKIE['name']
```

"$_COOKIE[]"全局变量获取的是 Cookie 值。其中，name 为需要获取值的 Cookie 的名称。

> **注意**：在读取 Cookie 值之前，需要使用 isset() 函数判断 Cookie 文件是否存在，即使用"isset($_COOKIE['name']);"判断 Cookie 是否被创建。

【实例 5-11(108_Cookie.php)】 使用 Cookie 存储"This is a cookie"，然后输出 Cookie 值。实例代码如下。

```php
<?php
    //设置编码格式,正确显示中文
    header("content-Type: text/html; charset=gb2312");
    setcookie('C', 'This is a cookie');          //创建 Cookie
    //判断 Cookie 文件是否存在
    if (isset($_COOKIE['C']))
        echo $_COOKIE['C'];                      //读取 Cookie
?>
```

运行结果如图 5-11 所示。

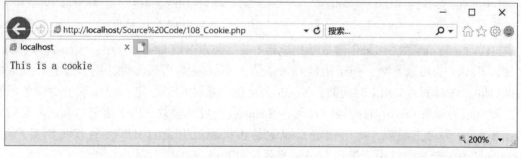

图 5-11　读取 Cookie

3. 删除 Cookie

Cookie 被创建后，如果没有设置失效时间，那么它会在关闭浏览器时被自动删除；如果设置了失效时间，不管是否关闭浏览器，它都只会在指定的失效时间被自动删除。

立即删除 Cookie 的方法有两种。

(1) 使用 setcookie() 函数设置失效时间，即将 Cookie 的失效时间设置为小于系统的当前时间。例如，"setcookie('name','',time()-1);"中，name 为需要立即删除的 Cookie 名称，"time()-1"为系统当前时间的前 1s。

> **说明**：删除 Cookie 时，Cookie 值可以设置为空。

(2) 在浏览器中手动删除 Cookie。在 IE 浏览器中，选择"工具→Internet 选项"命令，弹出"Internet 选项"对话框，在"常规"选项卡中单击"删除"按钮，弹出"删除浏览器历史记录"对话框，选中"Cookie 和网站数据"复选框，单击"删除"按钮。

5.5　Session

在计算机专业术语中，Session 是一个特定的时间概念，是指一个终端用户与交互系统之间进行通信的时间间隔，即从注册进入系统到注销退出系统经过的时间，以及如果需要的话，还可能有一定的操作空间。

【Session】

5.5.1　Session 的概念

Session 被称为"会话控制"，用于保存特定用户会话所需的属性及配置信息，并在其生命周期（20min）内可以被跨页面请求所引用。由于 Session 会话存储在服务器中，因此相对于 Cookie 来说更加安全，适用于存储信息量比较少且不需要长期存储的数据。

Session 文件在 PHP 中是以变量的形式创建的，即启动一个 Session 会话时，会生成一个名称随机且唯一的 Session 文件，并存储在服务器内存中。关闭页面时，该 Session 文件会自动注销，重新浏览此页面时，则会再次生成一个文件名。

Session 主要用于记录特定的用户信息，并在页面之间传递变量。

5.5.2　Session 的使用

在 PHP 中，使用 Session 主要有启动 Session 会话、注册 Session 会话、读取 Session 会话、注销 Session 会话和销毁 Session 会话五个步骤。

1. 启动 Session 会话

在 PHP 中，可以使用 session_start() 函数启动 Session 会话，语法格式如下。

```
bool session_start(void);
```

session_start() 函数，如果启动成功则返回 true，否则返回 false。

> 注意：通常在页面开始位置调用 session_start() 函数，即 session_start() 函数之前浏览器不能有任何输出，否则会导致程序出错。

2. 注册 Session 会话

在 PHP 中，可以使用"$_SESSION[]"全局变量注册 Session 会话，语法格式如下。

```
$_SESSION['name'] = value;
```

"$_SESSION[]"全局变量是将值赋给 Session 变量。其中，name 为需要注册的 Session 会话的变量名；value 为 Session 会话的值。

3. 读取 Session 会话

在 PHP 中，可以使用"$_SESSION[]"全局变量读取 Session 会话，语法格式如下。

```
$_SESSION['name']
```

"$_SESSION[ ]"全局变量获取的是 Session 值。其中，name 为需要获取值的 Session 会话的变量名。

> **注意**：在读取 Session 会话的值之前，需要使用 empty( ) 函数判断 Session 会话是否为空，即使用"empty($_SESSION['name']);"判断 Session 会话是否为空。

4. 注销 Session 会话

在 PHP 中，注销 Session 会话的方法有两种。

（1）使用 unset( ) 函数注销单个 Session 会话。例如，"unset($_SESSION['name']);"中，name 为需要注销的 Session 会话的变量名。

> **注意**：使用 unset( ) 函数注销 Session 会话时，$_SESSION 变量中的键名不能省略，否则会禁止整个 Session 会话功能，即不能再注册 Session 会话，而且没有办法恢复。

（2）使用将空数组赋值给 $_SESSION 的方法注销多个 Session 会话。例如，"$_SESSION = array( );"。

5. 销毁 Session 会话

在 PHP 中，可以使用 session_destroy( ) 函数销毁 Session 会话，语法格式如下。

```
bool session_destroy(void);
```

session_destroy( ) 函数，如果销毁成功则返回 true，否则返回 false。

> **注意**：在结束使用 Session 会话后，必须使用 session_destroy( ) 函数销毁 Session 会话，从而释放内存空间。

【**实例 5 – 12（109_Session. php）**】 使用 Session 存储"This is a session"，然后输出 Session 值。实例代码如下。

```php
<?php
    //设置编码格式,正确显示中文
    header("content – Type: text/html; charset = gb2312");
    session_start();                              //启动 Session 会话
    $_SESSION['S'] = 'This is a session';        //注册 Session 会话
    //判断 Session 会话是否为空
    if (! empty($_SESSION['S']))
        echo $_SESSION['S'].'<br/>';             //读取 Session 会话
    unset($_SESSION['S']);                        //注销 Session 会话
```

```
//判断 Session 会话是否为空
if (empty( $_SESSION['S']))
    echo'Session 会话已注销';                  //显示结果
    session_destroy();                        //销毁 Session 会话
? >
```

运行结果如图 5 - 12 所示。

图 5 - 12　Session 的使用

5.5.3　客户端禁用 Cookie 的解决方法

系统生成的 Session 文件名是随机且唯一的，该文件名被存放在 Cookie 中，所以在跨页面使用 Session 会话时需要先在 Cookie 中获取 session_id。因此，如果客户端禁用了 Cookie，那么 Session 在页面之间传递变量的功能就会失效。解决这个问题的方法有四种。

（1）提示用户必须启用 Cookie。

（2）在 php. ini 文件中，将 "session. use_trans_sid = 0" 修改为 "session. use_trans_sid = 1"；或在编译时打开 " – enable – trans – sid" 选项，使 PHP 自动跨页面传递 session_id。

（3）通过 GET( ) 方法隐藏表单传递 session_id。

（4）使用文件或数据库存储 session_id，在跨页面传递时手动调用。

习　　题

【拓展内容：Session 的高级应用】

1. 填空题

（1）在 PHP 中，可以使用_____函数创建 Cookie，使用_____全局变量读取 Cookie，使用_____函数删除 Cookie。删除 Cookie 时需要将失效时间设置为_____。

（2）在 PHP 中，可以使用_____函数启动 Session 会话，使用_____全局变量注册和读取 Session 会话，使用_____函数注销单个 Session 会话，使用_____方法注销多个 Session 会话，使用_____函数销毁 Session 会话。

2. 问答题

（1）如何将 PHP 脚本嵌入 HTML 中？

（2）如何获取页面提交的表单数据？

（3）如何设置表单元素的 name 属性值？

3. 编程题

编写一个页面，在页面中可以输入姓名、性别和职业等信息，在单击"提交"按钮后，使用 Cookie 记录姓名，同时通过 Session 会话记录职业，并在另一个页面的文本框中显示姓名和职业。

【习题答案】

第 6 章

PHP的高级应用

本章主要内容：
- 设置系统时区的方法
- 日期和时间的常用函数
- 日期和时间的基本应用
- PHP 中的加密函数
- 文件上传功能的实现

6.1 日期和时间

1884 年，在美国华盛顿召开的国际经度学术会议上，为了克服时间上的混乱，将全球划分为 24 个时区，每个时区都有自己的本地时间，而相邻的两个时区的本地时间相差 1 个小时。

国际无线电通信领域中使用的是统一的时间，即 UTC（Universal Time Coordinated，通用协调时间），与 GMT（Greenwich Mean Time，格林威治标准时间）相同，使用的都是零时区（英国伦敦）的本地时间。

中国采用的则是东八区（北京）的本地时间，即与 UTC 和 GMT 相差 8 个小时。

6.1.1 设置系统时区

在 PHP 中，默认采用的时间为 UTC，如果需要将 PHP 的时间设置为东八区时间，可以使用以下两种方法。

（1）修改 php. ini 文件，即将 php. ini 文件中的"; date. timezone ＝"项修改为"date. timezone ＝ PRC"，然后重启 Apache 服务。

> 说明：PHP 支持的时区列表有很多，其中北京时间可以设置为 PRC、Asia/Chongqing、Asia/Hong_Kong、Asia/Shanghai 或 Asia/Urumqi，这几个时区名称是等效的。

> 注意：在修改"; date. timezone ＝"时，一定要将最前面的";"删除，否则 PHP 无法识别时区名称，不仅依然采用默认时区，而且系统会报错。

（2）使用 date_default_timezone_set() 函数，语法格式如下。

```
bool date_default_timezone_set(string $timezone_identifier);
```

date_default_timezone_set() 函数，如果设置成功则返回 true，否则返回 false。其中，$timezone_identifier 为 PHP 支持的时区列表中的时区名称。

> 注意：如果将程序上传到服务器后，还需要设置系统时区，那么只能使用 date_default_timezone_set() 函数设置时区，而不能采用修改 php. ini 文件的方法。

6.1.2 常用函数

【获取当前的
日期和时间】

PHP 提供了大量的日期和时间内置函数，可使开发人员在日期和时间的处理上游刃有余。本书将介绍一些常用的日期和时间函数。

1. 获取当前的日期和时间

在 PHP 中，可以使用 date() 函数获取当前的日期和时间，语法格式

如下。

```
string date(string $format[, int $timestamp]);
```

date( ) 函数的返回值为由当前日期和时间组成的字符串。其中，$format 为返回的日期和时间的格式（日期和时间格式的预定义常量见表 6-1、$format 的格式化选项见表 6-2）；$timestamp 为可选参数，用于指定时间戳，默认为当前时间的 UNIX 时间戳。

> 说明：UNIX 时间戳是一个长整数，是指从 UNIX 纪元（1970 年 1 月 1 日零点整）到指定时间的秒数。

> 注意：不是所有平台都支持负时间戳，因此日期和时间范围应尽可能限定为不早于 UNIX 纪元。

表 6-1　日期和时间格式的预定义常量

预定义常量	说　　明
DATE_ATOM	原子钟格式
DATE_COOKIE	HTTP Cookies 格式
DATE_ISO8601	ISO 8601 格式
DATE_RFC822	RFC 822 格式
DATE_RFC850	RFC 850 格式
DATE_RSS	RSS 格式
DATE_W3C	World Wide Web Consortium（万维网联盟）格式

表 6-2　$format 的格式化选项

格式化选项	说　　明
Y	用四位完整的数字表示年份
y	用最后两位数字表示年份
F	用英文全称表示月份
M	用三个字母的英文缩写表示月份
m	用数字表示月份，有前导零
n	用数字表示月份，没有前导零
d	用数字表示月份中的第几天，有前导零
j	用数字表示月份中的第几天，没有前导零
S	每月天数后面的两个字符的英文后缀
z	用数字表示年份中的第几天，没有前导零

格式化选项	说　明
l（L 的小写）	用英文全称表示星期中的第几天
D	用三个字母的英文缩写表示星期中的第几天
w	用数字表示星期中的第几天，即0～6，其中0表示星期天
W	ISO 8601 格式年份中的第几周，每周从星期一开始
H	24 小时制的小时，没有前导零
h	12 小时制的小时，没有前导零
a	用小写英文表示上午或下午
A	用大写英文表示上午或下午
i	用数字表示分钟数，有前导零
s	用数字表示秒数，有前导零
r	RFC 822 格式的日期
L	判断是否是闰年，如果是为1，否则为0
t	指定月份所应有的天数
O	与 GMT 时间相差的小时数
T	本机所在的时区
U	UNIX 时间戳

【实例 6 - 1(110_Date. php)】 获取当前的日期和时间。实例代码如下。

```php
<?php
    //设置编码格式,正确显示中文
    header("content-Type: text/html; charset=gb2312");
    //显示结果
    echo '当前时间:'.date('Y-m-d H:i:s,l');
?>
```

运行结果如图 6 -1 所示。

当前时间：2017-10-15 16:30:11, Sunday

图 6 - 1　获取当前时间

【获取时间戳】

2. 获取当前时间的时间戳

PHP 中，可以使用 time() 函数获取当前时间的 UNIX 时间戳，语法格式如下。

```
int time(void);
```

time() 函数的返回值为从 UNIX 纪元到当前时间的秒数。

【实例 6 - 2(111_Time. php)】 获取从 UNIX 纪元到当前时间的秒数。实例代码如下。

```php
<?php
    //设置编码格式,正确显示中文
    header("content - Type: text/html; charset = gb2312");
    //显示结果
    echo '当前时间:'. date('Y - m - d H:i:s'). '<br/>';
    echo '时间戳:'. time();
?>
```

运行结果如图 6 - 2 所示。

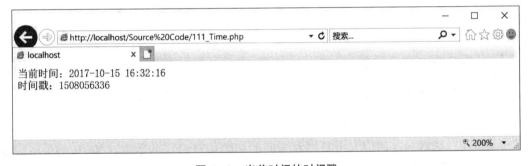

图 6 - 2　当前时间的时间戳

3. 获取指定时间的时间戳

在 PHP 中，可以使用 mktime() 函数获取指定时间的 UNIX 时间戳，语法格式如下。

```
int mktime([int $hour[, int $minute[, int $second[, int $month[, int $day[,
    int $year[, int $is_dst]]]]]]]);
```

mktime() 函数的返回值为从 UNIX 纪元到指定时间的秒数。其中，$hour 为可选参数，用于指定时。$minute 为可选参数，用于指定分。$second 为可选参数，用于指定秒。$month 为可选参数，用于指定月。$day 为可选参数，用于指定日。$year 为可选参数，用于指定年。$is_dst 为可选参数，用于指定夏令时，默认值为 - 1，表示不确定是否为夏令时；如果设置为 1，表示为夏令时；如果设置为 0，表示不为夏令时。

> 说明：mktime() 函数中的参数可以从右向左进行省略，任何被省略的参数默认为本地日期和时间的当前值。

【实例6-3(112_Mktime. php)】 获取从 UNIX 纪元到指定时间"2017-06-01 12: 30: 00"的秒数。实例代码如下。

```php
<?php
    //设置编码格式,正确显示中文
    header("content-Type: text/html; charset=gb2312");
    //显示结果
    echo '时间:2017-06-01 12:30:00<br/>';
    echo '时间戳:'.mktime(12, 30, 0, 6, 1, 2017);
?>
```

运行结果如图6-3所示。

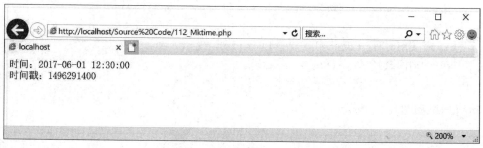

图6-3 指定时间的时间戳

4. 获取日期和时间信息

在 PHP 中,可以使用 getdate() 函数获取日期和时间的相关信息,语法格式如下。

```
array getdate([int $timestamp]);
```

getdate() 函数的返回值为由日期和时间的相关信息组成的数组。其中, $timestamp 为可选参数,用于指定时间戳,默认为当前时间的 UNIX 时间戳。

getdate() 函数返回的关联数组元素见表6-3。

表6-3　getdate() 函数返回的关联数组元素

关联数组元素	说　　明
seconds	秒
minutes	分钟
hours	24 小时制的小时
mday	月份中的第几天
wday	星期中的第几天,即0~6, 其中0表示星期天
mon	月份
year	四位数字表示的完整年份
yday	年份中的第几天
weekday	用英文全称表示的星期中的第几天
month	用英文全称表示的月份
0	UNIX 时间戳

【实例6-4(113_Getdate.php)】 获取当前日期和时间的相关信息。实例代码如下。

```php
<?php
    //设置编码格式,正确显示中文
    header("content-Type: text/html; charset=gb2312");
    //显示结果
    echo '当前时间:'.date('Y-m-d H:i:s,l').'<br/>';
    print_r(getdate(()));
?>
```

运行结果如图6-4所示。

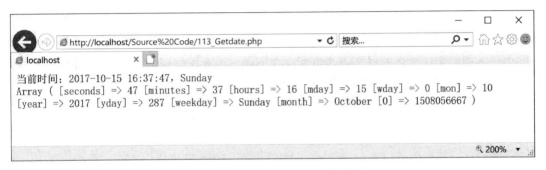

图6-4 获取日期和时间信息

5. 验证日期的有效性

每年有12个月,大月31天,小月30天,2月只有28天(平年)或29天(闰年),只有符合这个规则,日期才是有效的。而计算机无法自己判断日期的有效性,只能通过开发人员提供的功能去检测。

在PHP中,可以使用checkdate()函数验证日期的有效性,语法格式如下。

```php
bool checkdate(int $month, int $day, int $year);
```

checkdate()函数,如果日期有效则返回true,否则返回false。其中,$month为月;$day为日;$year为年。

【实例6-5(114_Checkdate.php)】 验证指定日期"2017-02-28"和"2017-02-29"的有效性。实例代码如下。

```php
<?php
    //设置编码格式,正确显示中文
    header("content-Type: text/html; charset=gb2312");
    //显示结果
    echo '时间"2017-02-28"的有效性:';
    var_export(checkdate(2, 28, 2017));
    echo '<br/>时间"2017-02-29"的有效性:';
    var_export(checkdate(2, 29, 2017));
?>
```

运行结果如图6-5所示。

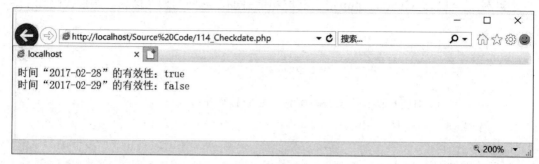

图6-5 验证日期的有效性

6. 获取本地化的日期和时间

由于不同国家或地区的语言习惯可能存在不同，因此所使用的日期和时间的格式和字符也可能会有所不同，那么如何在 Web 页面中显示本地化的日期和时间呢?

首先，使用 setlocale() 函数设置本地化环境，语法格式如下。

```
string setlocale(int $category, string $locale[, string $…]);
```

setlocale() 函数的返回值为当前地区设置，如果设置失败则返回 false。其中，$category 为本地化规则（$category 的选项见表 6-4）；$locale 为本地化环境，en_US 为美国本地化环境，chs 为简体中文本地化环境，cht 为繁体中文本地化环境。

表6-4 $category 的选项

选 项	说 明
LC_ALL	包含下面所有的本地化规则
LC_COLLATE	字符串比较
LC_CTYPE	字符串的分类与转换
LC_MONETARY	本地化环境的货币形式
LC_NUMERIC	本地化环境的数值形式
LC_TIME	本地化环境的时间形式

然后，使用 strftime() 函数根据本地化环境格式化日期和时间，语法格式如下。

```
string strftime(string $format, [int $timestamp]);
```

strftime() 函数的返回值为由格式化的日期和时间组成的字符串。其中，$format 为返回的日期和时间的格式（$format 的格式化选项见表 6-5）；$timestamp 为可选参数，用于指定时间戳，默认为当前时间的 UNIX 时间戳。

表6-5 $format 的格式化选项

格式化选项	说　明
%c	当前区域首选的日期和时间表达
%x	当前区域首选的日期表达，不包括时间
%X	当前区域首选的时间表达，不包括日期
%y	用最后两位数字表示年份
%Y	用四位完整的数字表示年份
%b	月份的简写
%B	月份的全称
%m	用数字表示月份，有前导零
%d	用数字表示月份中的第几天，有前导零
%j	用数字表示年份中的第几天，有前导零
%a	星期的简写
%A	星期的全称
%w	用数字表示星期中的第几天，即0~6，其中0表示星期天
%U、%W	年份中的第几周，每周从星期一开始
%H	24小时制的小时，有前导零
%p	当前区域表示上午或下午的字符串
%M	用数字表示分钟数，有前导零
%S	用数字表示秒数，有前导零
%Z	时区名或缩写
%%	字符"%"

注意：不是所有格式化选项都被操作系统支持，即在特定的操作系统中，有些格式化选项会显示空值或错误信息。

【实例6-6（115_Locale_Date.php）】 输出本地化的当前日期和时间。实例代码如下。

```php
<?php
    //设置编码格式,正确显示中文
    header("content-Type: text/html; charset=gb2312");
    setlocale(LC_ALL, 'chs');      //设置为简体中文本地化环境
    //显示结果
    echostrftime('%Z;%Y-%m-%d %H:%M:%S,%A');
?>
```

运行结果如图 6-6 所示。

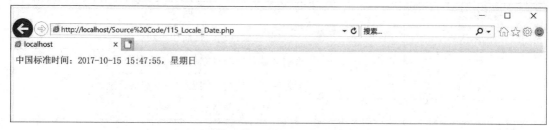

图 6-6　本地化的日期和时间

7. 将日期和时间解析为时间戳

很多对日期和时间的操作都是针对时间戳进行的，因此经常需要将格式化的日期和时间解析为时间戳。

在 PHP 中，可以使用 strtotime( ) 函数将英文格式的日期和时间字符串解析为 UNIX 时间戳，语法格式如下。

```php
int strtotime(string $time[, int $now]);
```

strtotime( ) 函数的返回值为日期和时间解析成的 UNIX 时间戳。其中，$time 为需要解析的日期和时间字符串对象；$now 为可选参数，用于指定相对时间的起始时间，默认为当前时间。

> 说明：1. 这里英文格式的日期和时间字符串是指其中不能出现中文字符，而不是指日期格式必须为"月-日-年"。
>
> 2. 如果 $time 为绝对时间，即具体的日期和时间，那么 $now 不会起作用；如果 $time 为相对时间，如 Yesterday、Tomorrow 或 Next Monday 等，那么这个相对时间的起始时间为 $now 指定的时间。

【实例 6-7(116_String_To_Time.php)】　将"2017-06-01 12:30:00"及其第二天解析为 UNIX 时间戳。实例代码如下。

```php
<?php
    //设置编码格式,正确显示中文
    header("content-Type: text/html; charset=gb2312");
    $str1 = '2017-06-01 12:30:00';    //定义一个字符串型变量
    $timestamp1 = strtotime($str1);    //解析日期和时间
    //显示结果
    echo '时间"'. $str1.'"解析为时间戳:'. $timestamp1;
    //解析日期和时间
    $timestamp2 = strtotime('tomorrow', $timestamp1);
    $str2 = date('Y-m-d H:i:s', $timestamp2);    //转换时间戳
    //显示结果
    echo '<br/>时间"'. $str2.'"解析为时间戳:'. $timestamp2;
?>
```

运行结果如图 6-7 所示。

时间"2017-06-01 12:30:00"解析为时间戳：1496291400
时间"2017-06-02 00:00:00"解析为时间戳：1496332800

图 6-7　将日期和时间解析为时间戳

6.1.3　基本应用

有时根据用户要求，需要对日期和时间进行处理，以实现一些特定的功能。本书将介绍几个日期和时间的基本应用。

1. 比较时间

在实际开发中，经常需要对时间进行比较，即判断时间的早晚。因为不能直接将日期和时间字符串进行比较，所以需要先将日期和时间字符串解析为时间戳，再进行比较。

【实例 6-8(117_Comparison_Time. php)】　判断"2017-06-01 12: 30: 00"是否早于当前时间。实例代码如下。

```php
<?php
    //设置编码格式,正确显示中文
    header("content-Type: text/html; charset=gb2312");
    $time1 = '2017-06-01 12:30:00';      //定义一个字符串型变量
    $time2 = date('Y-m-d H:i:s');        //获取当前日期和时间
    $timestamp1 = strtotime($time1);     //解析日期和时间
    $timestamp2 = strtotime($time2);     //解析日期和时间
    $temp = $timestamp1 - $timestamp2;   //计算时间戳差值
    //比较两个时间戳
    if ($temp > 0)
        //显示结果
        echo '指定时间"'. $time1.'"晚于当前时间"'. $time2.'"';
    else
        //显示结果
        echo '指定时间"'. $time1.'"早于当前时间"'. $time2.'"';
?>
```

运行结果如图 6-8 所示。

2. 倒计时功能

在实际开发中，经常需要实现倒计时功能，即为用户显示当前时间到指定时间还有多少时间。因此，首先需要计算两个时间的时间戳差值，然后将该差值计算为具体的时间。

151

图6-8　比较时间

【实例6-9(118_Count_Down.php)】　计算当前时间到下周一零点整还有多少时间。实例代码如下。

```php
<?php
    //设置编码格式,正确显示中文
    header("content-Type: text/html; charset=gb2312");
    $time1 = date('Y-m-d H:i:s');       //获取当前日期和时间
    $timestamp1 = strtotime($time1);    //解析日期和时间
    //获取指定日期和时间的时间戳
    $timestamp2 = strtotime('next monday', $timestamp1);
    //获取指定日期和时间
    $time2 = date('Y-m-d H:i:s', $timestamp2);
    $temp = $timestamp2 - $timestamp1;        //计算时间戳差值
    $day = floor($temp / (24 * 60 * 60));     //计算天数
    //计算小时数
    $hour = floor($temp / (60 * 60)) - ($day * 24);
    //计算分钟数
    $minute = floor($temp / (60)) - ($day * 24 * 60 + $hour * 60);
    //计算秒数
    $second = $temp - ($day * 24 * 60 * 60 + $hour * 60 * 60 + $minute * 60);
    //显示结果
    echo '现在时间"'. $time1.'"距离下周一"'. $time2.'"还有:'. $day.'天'. $hour.'时
        '. $minute.'分'. $second.'秒';
?>
```

运行结果如图6-9所示。

图6-9　倒计时

> **说明：** 1. floor( ) 函数用于向下取整。向下取整与四舍五入的不同之处在于它直接去掉小数部分。
>
> 　　2. 如果要实时、动态地显示倒计时，需要使用局部界面的定时刷新技术。

6.2　加密函数

【加密函数】

加密就是对原来为明文的数据按某种算法进行处理，使之成为不可读的密文，从而保护数据不被非法窃取或阅读。

在 PHP 中，可以使用 crypt( )、md5( ) 和 sha1( ) 三种基本的加密函数对数据进行加密处理。

6.2.1　crypt( )

在 PHP 中，可以使用 crypt( ) 函数对数据进行单向加密，语法格式如下。

```
string crypt(string $str[, string $salt]);
```

crypt( ) 函数的返回值为加密后的密文。其中，$str 为需要加密的字符串对象；$salt 为可选参数，用于指定加密所使用的干扰串，如果省略则会随机生成。

> **注意：** 如果省略参数 $salt，PHP 会随机生成一个干扰串，即每次加密的结果不同，这样会导致无法判断用户先后输入的数据是否一致。

crypt( ) 函数支持的四种算法和干扰串长度见表 6-6。

表 6-6　crypt 函数支持的四种算法和干扰串长度

算　　法	干扰串长度
CRYPT_STD_DES	2 字符（默认）
CRYPT_EXT_DES	9 字符
CRYPT_MD5	12 字符（以 "1" 开头）
CRYPT_BLOWFISH	16 字符（以 "2" 开头）

【实例 6-10(119_CRYPT. php)】　使用 crypt( ) 函数对字符串 "This is an example" 进行加密。实例代码如下。

```php
<?php
    //设置编码格式,正确显示中文
    header("content - Type: text/html; charset = gb2312");
    $str = 'This is an example';    //定义一个字符串型变量
    //显示结果
    echo '明文:'. $str.'<br/>';
    echo '第一次加密:'.crypt($str).'<br/>';
```

```
        echo '第二次加密:'.crypt($str).'<br/>';
        echo '第三次加密:'.crypt($str, 'crypt').'<br/>';
        echo '第四次加密:'.crypt($str, 'crypt');
    ?>
```

运行结果如图 6 - 10 所示。

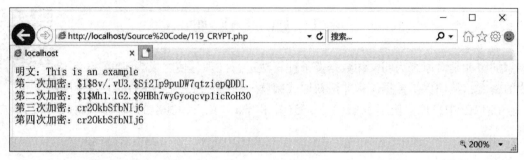

图 6 - 10   CRYPT 加密

6.2.2   md5()

在 PHP 中，可以使用 md5() 函数对数据进行 MD5 加密，即将不同长度的数据信息经过一系列算法加密为一个 128 位的二进制数值，语法格式如下。

```
string md5(string $str[, bool $raw_output]);
```

md5() 函数的返回值为加密后的密文。其中，$str 为需要加密的字符串对象。$raw_output 为可选参数，用于指定返回值的格式，默认为 false，表示返回的密文是 32 位的十六进制数值；如果设置为 true，表示返回的密文是 128 位的二进制数值。

> 说明：如果相同的字符串使用 MD5 加密，每次加密的结果都是相同的；如果不同的字符串使用 MD5 加密，加密的结果肯定不同。因此，目前大多数网站都采用 MD5 对用户的登录名和密码进行加密。

【实例 6 - 11(120_MD5.php)】   使用 md5() 函数对字符串 "This is an example" 进行加密。实例代码如下。

```
    <?php
        //设置编码格式,正确显示中文
        header("content-Type: text/html; charset=gb2312");
        $str = 'This is an example';    //定义一个字符串型变量
        //显示结果
        echo '明文:'. $str.'<br/>';
        echo '第一次加密:'.md5($str).'<br/>';
        echo '第二次加密:'.md5($str);
    ?>
```

运行结果如图 6 - 11 所示。

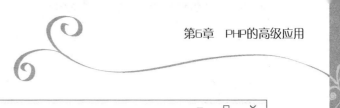

图 6 - 11　MD5 加密

6.2.3　sha1( )

在 PHP 中，可以使用 sha1( ) 函数对数据进行 SHA 算法的加密，语法格式如下。

```
string sha1(string $str[, bool $raw_output]);
```

sha1( ) 函数的返回值为加密后的密文。其中，$str 为需要加密的字符串对象。$raw_output 为可选参数，用于指定返回值的格式，默认为 false，表示返回的密文是 40 位的十六进制数值；如果设置为 true，表示返回的密文是 20 位的原始格式字符串。

> 说明：sha1( ) 函数与 md5( ) 函数非常相似，两者的区别在于 sha1( ) 函数使用的是 SHA 加密算法，而 md5( ) 函数使用的是 MD5 加密算法。

【实例 6 - 12(121_SHA. php)】　使用 sha1( ) 函数对字符串 "This is an example" 进行加密。实例代码如下。

```php
<?php
    //设置编码格式,正确显示中文
    header("content - Type: text/html; charset = gb2312");
    $str = 'This is an example';    //定义一个字符串型变量
    //显示结果
    echo '明文:'. $str. '<br/>';
    echo '第一次加密:'. sha1($str). '<br/>';
    echo '第二次加密:'. sha1($str);
?>
```

运行结果如图 6 - 12 所示。

图 6 - 12　SHA 加密

6.3 文 件 上 传

【拓展内容1：加密扩展库】

在实际开发中，文件上传是一个十分常见的需求，即通过该功能，用户可以将指定文件传输到服务器中。文件上传是实现图片管理、数据导入等重要功能的基础。

6.3.1 开启文件上传功能

在 PHP 中，想要使用文件上传功能，首先需要对 php.ini 文件中的相关参数进行合理的设置。

（1）将 file_uploads 项设置为 on：开启文件上传功能。

【文件上传功能】 （2）设置 upload_tmp_dir 项：设置存放上传文件的临时目录。

> 说明：文件被成功上传之前，首先被存放在服务器的临时目录中。

（3）设置 upload_max_filesize 项：设置允许上传的文件大小的最大值，单位为 MB。

（4）设置 max_execution_time 项：设置指令所能执行的最长时间，单位为 s。

（5）设置 memory_limit 项：设置为指令分配的最大内存空间，单位为 MB。

> 说明：1. 如果需要上传超大文件，就需要适当增大 upload_max_filesize、max_execution_time 和 memory_limit 三项参数的值。
>
> 2. 如果是使用 PHP 环境组合包搭建的 PHP 开发环境，则上述参数已经配置好，只需要在后期的使用过程中，根据实际情况进行调整。

6.3.2 获取文件信息

在 PHP 中，可以使用"$_FILES"预定义变量以数组的方式获取文件的相关信息，而这些信息对实现文件上传功能非常重要。

"$_FILES"预定义变量是一个二维数组，其中的元素见表 6-7。

表 6-7　"$_FILES"预定义变量的元素

元素名	说明
$_FILES［filename］［name］	文件名
$_FILES［filename］［size］	文件大小，单位为字节
$_FILES［filename］［tmp_name］	包含临时文件名的临时目录路径
$_FILES［filename］［type］	文件类型
$_FILES［filename］［error］	上传结果。如果为"0"，表示上传成功

注：filename 为文件域的 name 属性值。

注意: 在获取文件信息之前，需要使用 empty( ) 函数判断上传的文件是否为空，即使用 "empty($ _FILES);" 判断上传的文件是否为空。

【实例 6 - 13 (122_File_Information. php)】 获取上传文件的相关信息。实例代码如下。

```html
<html >
    <head >
        <title >获取文件信息</title >
        <?php     //在 HTML 中嵌入 PHP 脚本
            //设置编码格式,正确显示中文
            header("content - Type: text/html; charset = gb2312");
            //判断上传的文件是否为空
            if (! empty( $ _FILES))
            {
                //显示结果
                echo '文件名:'. $ _FILES[upload][name]. '<br/ >';
                echo '文件大小:'. $ _FILES[upload][size]. '<br/ >';
                echo '文件类型:'. $ _FILES[upload][type]. '<br/ >';
                echo '临时路径:'. $ _FILES[upload][tmp_name]. '<br/ >';
                echo '上传结果:'. $ _FILES[upload][error];
            }
        ?>
    </head >
    <body >
        <form name ="form" method ="post" enctype ="multipart/form - data" >
            <input name ="upload" type ="file" >
            <input name ="submit" type ="submit" value ="提交" >
        </form >
    </body >
</html >
```

运行结果如图 6 - 13 所示。

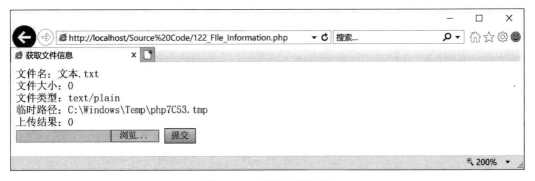

图 6 - 13 获取文件信息

> **说明**：如果需要获取文件信息或实现文件上传，首先需要设置 < form > 标签中的 enctype 属性，即 enctype = "multipart/form - data"。

6.3.3　文件上传功能

在 PHP 中，可以使用 move_uploaded_file( ) 函数实现文件上传功能，语法格式如下。

```
bool move_uploaded_file(string $filename, string $destination);
```

move_uploaded_file( ) 函数，如果上传成功则返回 true，否则返回 false。其中，$filename 为包含临时文件名的临时目录路径，即 $_FILES[filename][tmp_name]；$destination 为包含文件名的指定存放路径。

【**实例 6 - 14(123_Upload_File. php)**】　上传文件。实例代码如下。

```
<html >
    <head >
        <title >获取文件信息 </title >
        <?php     //在 HTML 中嵌入 PHP 脚本
            //设置编码格式,正确显示中文
            header("content - Type: text/html; charset = gb2312");
            //判断上传的文件是否为空
            if (! empty( $_FILES))
            {
                //获取包含临时文件名的临时目录
                $filename = $_FILES[upload][tmp_name];
                //设置包含文件名的存放路径
                $destination = 'C:\Files \\'. $_FILES[upload][name];
                //上传文件
                $boo = move_uploaded_file( $filename, $destination);
                //判断是否上传成功
                if ( $boo)
                    $error = '上传成功';     //返回结果
                else
                    $error = '上传失败';     //返回结果
            }
        ? >
    </head >
    <body >
        <form name ="form" method ="post" enctype ="multipart/form - data" >
            <input name ="upload" type ="file" >
            <input name ="submit" type ="submit" value ="提交" >
            <input name ="output_text" type ="text" value =" <?php echo $error;
                ? >" >
        </form >
```

```
    </body>
</html>
```

运行结果如图6-14所示。

图6-14　上传文件

【拓展内容2：
目录操作】

【拓展内容3：
文件操作】

【拓展内容4：
图形图像处理】

习　　题

1. 填空题

（1）在 PHP 中，可以使用_____函数获取指定时间的时间戳。

（2）在 PHP 中，可以使用_____函数以数组的方式获取日期和时间信息。

（3）在 PHP 中，可以使用_____函数检验日期的有效性。

（4）在 PHP 中，可以首先使用_____函数设置本地化环境，然后使用_____函数根据本地化环境获取格式化的日期和时间。

（5）在 PHP 中，可以使用_____、_____和_____三个函数实现字符串的加密。

（6）在 PHP 中，可以使用_____函数实现文件上传功能。

2. 选择题

（1）在 PHP 中，可以使用_____函数获取当前的日期和时间。

A. time( )　　　　　B. date( )　　　　　C. mktime( )　　　　　D. getdate( )

（2）在 PHP 中，可以使用_____函数获取当前时间的时间戳。

A. time( )　　　　　B. date( )　　　　　C. mktime( )　　　　　D. getdate( )

（3）在 PHP 中，可以使用_____函数将日期和时间解析为时间戳。

A. strtolower( )　　　　　　　　　　B. strtoupper( )

C．strtok( )   D．strtotime( )

（4）在 PHP 中，可以使用＿＿＿＿＿预定义变量获取文件信息。

A．$ _COOKIE［］   B．$ _POST［］

C．$ _FILES［］   D．$ _SESSION［］

3．编程题

（1）编写一个页面，实现生日提醒功能，即输入生日日期后能够显示年龄和距离下一个生日还有多少天。

（2）编写一个页面，实现多个文件同时上传功能。

【习题答案】

第 7 章

面向对象编程

本章主要内容：
- 面向对象的基本概念
- 定义和实例化类的方法
- 构造方法和析构方法
- 继承的实现方法
- 多态的实现方法
- 封装的实现方法
- 作用域操作符
- 静态成员变量和静态成员方法

7.1　基本概念

【面向对象编程的概念】

面向对象（Object‑oriented，OO）是一种对现实世界理解和抽象的方法，即按照人类认识客观世界的系统思维方式，采用基于面向对象（实体）的概念建立模型，以模拟客观世界的方式来分析、设计和实现软件的方法。通过面向对象的理念，计算机应用软件系统与现实世界的系统能够一一对应。

面向对象主要包括面向对象分析（Object‑oriented Analysis，OOA）、面向对象设计（Object‑oriented Design，OOD）和面向对象编程（Object‑oriented Programming，OOP）三部分。本书主要介绍的是面向对象编程，而这其中有两个非常重要的概念，即类和对象。

7.1.1　类

客观世界中的事物都具有其自身的状态和动作。根据这些状态和动作的不同，我们可以将事物分成不同的物种，如"人""猫"和"狗"等。

而在计算机应用软件系统中，则可以使用"类"与客观世界中的事物建立对应关系，如"人类""猫类""狗类"等，并通过不同的属性和方法来区分不同的类。简单来说，类就是属性和方法的集合。

（1）属性：对应客观世界中事物的状态，如姓名、性别和年龄等。而在程序中我们可以将其理解为变量或常量。

（2）方法：对应客观世界中事物的动作，如吃饭、走路和睡觉等。而在程序中我们可以将其理解为函数。

7.1.2　对象

和客观世界中的物种一样，类只是一个具备某项功能的抽象模型，即类只是实体的一个模板，我们可以将其理解为一种自定义的数据类型。

而在实际应用中，类是无法直接使用的，需要先将其进行实例化，也就是声明属于某种类的对象，即根据某种类（模板）建立某个或某些具体的实体。对象具有明确的属性值，调用方法也会得到明确的结果。

简单来说，对象就是类实例化的产物。例如，"人类"是所有人的模板，而"你"和"我"则都是属于这个类的对象。

7.1.3　三大特点

面向对象编程与面向过程编程相比，具有更好的复用性、灵活性、可维护性、可扩展性，更加符合"高内聚、低耦合"的软件结构设计原则，并且能够有效地提高软件开发的效率。面向对象编程具有这些优点主要是因为面向对象编程具有三大特点。

1. 继承性

继承性是指派生类（子类）能够继承一个或多个基类（父类）的属性和方法，并可以添加新的属性或方法，以及重写父类的方法。

例如，"人类"具有姓名、年龄和性别等属性及吃饭、走路和睡觉等方法，而"学生类"除了具有"人类"的这些属性和方法外，还有年级、班级、学号等属性及预习、上课和复习等方法。这时可以将"人类"作为一个父类，并让"学生类"去继承"人类"。

继承性能够有效地提高代码的复用性，极大地简化了定义类的工作。

> **注意**：继承分为单继承和多继承，PHP 支持的是单继承，即一个子类只能继承一个父类。

2. 多态性

多态性是指多次调用同一名称的方法时，能够得到不同的结果。多态的实现有覆盖和重载两种方式。

覆盖是指在子类中重写父类的方法，父类对象和子类对象调用同一个方法时，可以得到不同的结果。

重载是指在一个类中定义多个相同名称、不同参数数量或数据类型的成员方法，在调用时可以根据参数数量或数据类型的不同自动调用对应的成员方法，从而得到不同的结果。

多态性能够有效地提高代码的灵活性和复用性。

3. 封装性

封装性又称数据隐藏，即在开发过程中可以将类的定义和使用分离开来。在定义时，只保留指定的接口（方法）与外部进行数据传递；在使用时，只需要调用接口（方法），就能实现相应的功能。也就是说，使用者并不需要了解类究竟是如何实现的。例如，我们使用预定义函数时，并不需要知道函数中的具体代码，只需要在使用时进行调用即可。

封装性可以让开发人员将更多的精力集中于自己的工作，不需要考虑别的事情，从而有效地提高软件的开发效率，同时也可避免程序之间因相互依赖而带来不便。

封装性不仅能够有效地提高软件的开发效率，而且可以提高软件的可维护性。例如，某个功能需要更新时，我们不需要逐一修改涉及这个功能的每个页面，只需要修改相应的接口（方法）就能完成更新工作。

7.2 定义和实例化类

【定义和实例化】

类和对象是面向对象编程的核心和基础，即面向对象编程主要是通过定义类和实例化类来实现具体的功能的，也就是说我们在使用面

向对象编程时，首先需要定义类，然后实例化类，最后才能实现相应
的功能。

7.2.1 类的定义

类的定义包括定义类、定义类的属性（成员变量和类常量）、定义类的成员方法。

1. 定义类

在 PHP 中，可以使用关键字 class 来定义类，语法格式如下。

```
class ClassName
{
    …
}
```

其中，ClassName 为类名；大括号之间的部分"…"为类的全部内容，即类的属性和方法。

> **注意**：类的全部内容都要写在一个完整的代码段中，不能将其分割成多块。

2. 定义成员变量

成员变量就是类的变量属性，通常用来保存数据信息或与成员方法进行交互以实现某项功能。

在 PHP 中，定义成员变量的方法和定义普通变量的方法类似，只是需要在变量之前加上关键字指明作用域，语法格式如下。

```
keyword $attributename;
```

其中，keyword 为关键字，可以使用 public、private、protected 或 static 指明作用域；$attributename 为成员变量名。

> **说明**：在类中访问成员变量，需要使用伪变量"$this ->"，即"$this ->成员变量名"。

3. 定义类常量

类常量就是类的常量属性，和普通常量的作用一样，用来保存恒定不变的属性值。
在 PHP 中，可以使用关键字 const 定义类常量，语法格式如下。

```
const CONSTANT_NAME = value;
```

其中，CONSTANT_NAME 为类常量名；value 为类常量的值。

> **注意**：类常量名的开始是没有"$"符号的。

> **说明：** 在类中访问类常量，需要使用作用域操作符 "::"，即 "类名::类常量名"。

4. 定义类的成员方法

在 PHP 中，定义类的成员方法的方法和定义普通函数的方法相同，即使用关键字 function 定义类的成员方法，并使用关键字指明作用域，语法格式如下。

```
keyword function method_name([mixed $arg1[, mixed $…]])
{
    …
}
```

其中，keyword 为关键字，可以使用 public、private、protected、static 或 final 来指明作用域；method_name 为成员方法名；$arg1 和 $…为成员方法的参数；大括号之间的部分 "…" 为成员方法的主体，即功能实现代码。

> **说明：** 如果成员方法前不加关键字，默认为 public。建议在成员方法前面加上关键字，这是一种良好的书写习惯。

【**实例 7 - 1 (124_FatherObject. class. php)**】 定义一个 "父亲" 类，具有 "姓氏" 类常量、"名字" 和 "年龄" 成员变量、"显示信息" 成员方法。实例代码如下。

```php
<?php
    class FatherObject      //定义"父亲"类
    {
        constSURNAME = '夏';     //定义"姓氏"类常量
        public $name;            //定义"名字"成员变量
        public $age;             //定义"年龄"成员变量
        //定义"显示信息"成员方法。
        public function returnInformation()
        {
            //显示姓名
            echo '父亲:'. FatherObject::SURNAME. $this -> name. '<br/>';
            echo '年龄:'. $this ->age;     //显示年龄
        }
    }
?>
```

> **说明：** 我们通常将一个类单独写在一个 PHP 文件中，并以 . class. php 作为文件的扩展名，以说明是类文件。

7.2.2 类的实例化

1. 加载类文件

由于类通常被保存在单独的 PHP 文件中，因此在实例化类之前，首先需要加载类文件。

在 PHP 中，可以使用 include_once() 函数逐一加载类文件，语法格式如下。

```
int include_once(string $path);
```

include_once() 函数，如果加载成功则返回 1，否则系统报错。其中，$path 为需要加载的文件，即包含文件名的文件路径。

> **说明：** include_once() 函数并不一定需要使用小括号来指明参数，通常直接使用单引号或双引号来指明需要加载的文件路径。

2. 声明对象（实例化类）

在 PHP 中，可以使用关键字 new 声明对象，语法格式如下。

```
$objectname = new ClassName();
```

其中，$objectname 为对象名；ClassName 为类名，即指明对象属于哪一个类。

> **注意：** 声明对象时，类名后面必须加上"()"。

在声明对象后，还需要通过调用成员变量、类常量和成员方法，来为成员变量赋值，获取类常量的值，以及调用成员变量和成员方法。

3. 调用成员变量

在 PHP 中，可以使用伪变量"对象名 -> 成员变量名"来调用成员变量，语法格式如下。

```
$objectname -> attributename
```

其中，$objectname 为对象名；attributename 为成员变量名。

> **注意：** 成员变量名之前没有符号"$"。

4. 调用类常量

在 PHP 中，可以使用作用域操作符"::"调用类常量，语法格式如下。

```
$objectname:: CONSTANT_NAME
```

其中，$objectname 为对象名；CONSTANT_NAME 为类常量名。

5. 调用成员方法

在 PHP 中，可以使用伪变量"对象名 -> 成员方法名"调用成员方法，语法格式如下。

```
$objectname -> method_name
```

其中，$objectname 为对象名；method_name 为成员方法名。

【**实例7-2（125_Class_Instantiation. php）**】 加载"父亲"类文件（124_FatherObject. class. php），然后声明一个"父亲"对象，并为"名字"和"年龄"成员变量赋值，最后调用"显示信息"成员方法。实例代码如下。

```php
<?php
    include_once '124_FatherObject. class. php';    //加载"父亲"类文件
    //设置编码格式,正确显示中文
    header("content - Type: text/html; charset = gb2312");
    $father = new FatherObject();    //声明"父亲"对象
    $father -> name = '东海';          //为"名字"赋值
    $father -> age = 48;              //为"年龄"赋值
    $father -> returnInformation();   //调用"显示信息"成员方法
?>
```

运行结果如图 7-1 所示。

图7-1 声明对象

7.3 构造和析构

构造方法和析构方法是两种非常特殊的成员方法，其中构造方法在生成对象时自动执行，析构方法在对象结束使用时自动执行。它们在面向对象编程中具有非常重要的作用。

【构造和析构】

7.3.1　构造方法

声明对象后，还需要逐一为成员变量赋值，然后才能实现相应的功能。如果成员变量的数量很多，就会使编程变得非常复杂。

构造方法是一种在生成对象时能够自动执行的成员方法。我们可以使用构造方法在声明对象时就初始化成员变量，即通过声明对象语句来为指定的成员变量赋值。

在 PHP 中，可以使用 __construct( ) 魔术方法在类中定义构造方法，语法格式如下。

```
function __construct([mixed $arg1[, mixed $…]])
```

其中，$arg1 和 "$…" 为构造方法的参数。

> **注意:** "__" 是两个下划线。

在声明对象时，只需要在 "( )" 中赋予正确的参数，就能够为相应的成员变量赋值。

> **说明:** 构造方法可以用来初始化所有的成员变量或部分成员变量，也可以用于实现其他一些功能。

【**实例 7 - 3(126_Constructor. php)**】　在 "父亲" 类中使用构造方法初始化所有的成员变量。实例代码如下。

```php
<?php
    class FatherObject                  //定义"父亲"类
    {
        const SURNAME = '夏';           //定义"姓氏"类常量
        public $name;                   //定义"名字"成员变量
        public $age;                    //定义"年龄"成员变量
        //定义构造方法
        public function __construct($name, $age)
        {
            $this -> name = $name;      //为"名字"赋值
            $this -> age = $age;        //为"年龄"赋值
        }
        //定义"显示信息"成员方法
        public function returnInformation()
        {
            //显示姓名
            echo '父亲:'. FatherObject::SURNAME. $this -> name. '<br/>';
            echo '年龄:'. $this -> age;   //显示年龄
        }
    }

    //设置编码格式,正确显示中文
```

```
header("content-Type: text/html; charset=gb2312");
//声明"父亲"对象
$father = new FatherObject('东海', 48);
$father->returnInformation();    //调用"显示信息"成员方法。
?>
```

运行结果如图7-2所示。

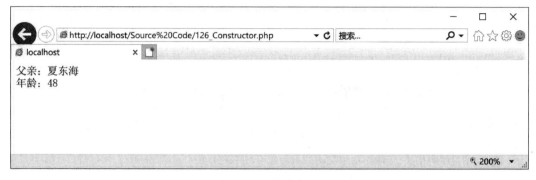

图7-2　构造方法

7.3.2　析构方法

在声明一个对象时，系统会为该对象分配相应的内存空间。如果声明了太多的对象，内存空间就会被大量占用，可能会导致服务器性能下降。因此在结束使用对象后，需要及时释放其占用的内存。

析构方法是一种与构造方法作用相反的方法，能够在结束使用对象时自动调用，并销毁对象，即释放对象占用的内存。

在PHP中，可以使用 __ destruct( ) 魔术方法在类中定义析构方法，语法格式如下。

```
function __ destruct()
```

注意："__"是两个下划线。

【实例7-4(127_Destructor. php)】　在"父亲"类中使用析构方法在结束使用对象时释放内存。实例代码如下。

```
<?php
    class FatherObject              //定义"父亲"类
    {
        const SURNAME = '夏';        //定义"姓氏"类常量
        public $name;               //定义"名字"成员变量
        public $age;                //定义"年龄"成员变量
        //定义构造方法
        public function __ construct($name, $age)
        {
            $this->name = $name; //为"名字"赋值
```

```
        $this -> age = $age;        //为"年龄"赋值
    }
    //定义"显示信息"成员方法
    public function returnInformation()
    {
        //显示姓名
        echo '父亲:'. FatherObject::SURNAME. $this ->name. '<br/>';
        echo '年龄:'. $this -> age. '<br/>';        //显示年龄。
    }
    //定义析构方法
    public function __destruct()
    {
        echo '对象已销毁,内存被释放';        //显示结果
    }
}


    //设置编码格式,正确显示中文
    header("content - Type: text/html; charset = gb2312");
    //声明"父亲"对象
    $father = new FatherObject('东海', 48);
    $father -> returnInformation();        //调用"显示信息"成员方法
? >
```

运行结果如图 7-3 所示。

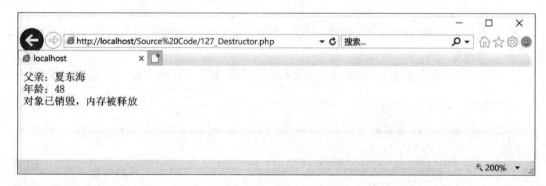

图 7-3 析构方法

> 说明:PHP 采用的是一种"垃圾回收"机制,即自动销毁不再使用的对象,以达到释放内存的目的,因此一般并不需要在类中编写析构方法。

7.4 继承的实现

【继承和实现】

继承性是面向对象编程的三大特点之一,是指子类能够继承一个或多个父类的属性和方法,并可以添加新的属性或方法,以及重写父类的方法。

在 PHP 中，可以使用关键字 extends 实现子类和父类之间的继承，语法格式如下。

```
class SubClass extends SuperClass
```

其中，SubClass 为子类的类名；SuperClass 为父类的类名。

当声明子类对象时，会先在子类中查找属性和方法，然后在父类中查找属性和方法，如果子类和父类的属性或方法相同，则使用子类的属性或方法。也就是说，优先使用子类的属性和方法，再使用父类中子类没有定义的属性和方法。

【实例 7 - 5（128_Inheritance. php）】 定义一个"儿子"类继承"父亲"类，新增"职业"成员变量，重写"姓氏"类常量、构造方法和"显示信息"成员方法。实例代码如下。

```php
<?php
    class FatherObject                    //定义"父亲"类
    {
        const SURNAME = '夏';             //定义"姓氏"类常量
        public $name;                     //定义"名字"成员变量
        public $age;                      //定义"年龄"成员变量
        //定义构造方法
        public function __ construct($name, $age)
        {
            $this ->name = $name;         //为"名字"赋值
            $this ->age = $age;           //为"年龄"赋值
        }
        //定义"显示信息"成员方法
        public function returnInformation()
        {
            //显示姓名
            echo '父亲:'. FatherObject::SURNAME. $this ->name. '<br/>';
            echo '年龄:'. $this ->age. '<br/>';      //显示年龄
        }
    }

    //定义"儿子"类继承"父亲"类
    class SonObject extends FatherObject
    {
        constSURNAME = '刘';              //定义"姓氏"类常量
        public $occupation;               //定义"职业"成员变量
        //定义构造方法
        public function __ construct($name, $age, $occupation)
        {
            $this ->name = $name;         //为"名字"赋值
            $this ->age = $age;           //为"年龄"赋值
            //为"职业"赋值
            $this ->occupation = $occupation;
        }
        //定义"显示信息"成员方法
        public function returnInformation()
```

```
    {
        //显示姓名
        echo '儿子:'.SonObject::SURNAME. $this -> name. '<br/>';
        echo '年龄:'. $this -> age. '<br/>';        //显示年龄
        echo '职业:'. $this -> occupation;        //显示职业
    }
}

//设置编码格式,正确显示中文
header("content - Type: text/html; charset = gb2312");
//声明"儿子"对象
$son = new SonObject('星', 15, '初中生');
$son -> returnInformation();      //调用"显示信息"成员方法
? >
```

运行结果如图7-4所示。

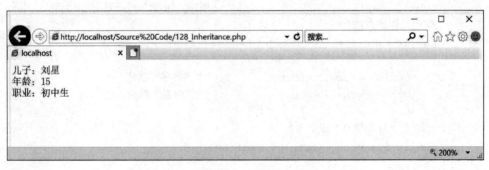

图7-4　继承

【多态的实现】

7.5　多态的实现

多态性是面向对象编程的三大特点之一,是指多次调用同一名称的方法时,能够得到不同的结果。多态的实现有覆盖和重载两种方式。

7.5.1　覆盖

覆盖是指在子类中重写父类的方法,父类对象和子类对象调用同一个方法时,可以得到不同的结果。

如果同一父类的不同子类都重写了父类的方法,那么不同子类的对象在调用同一方法时,也可以得到不同的结果。

【实例7-6(129_Override. php)】　定义一个"儿子"类继承"父亲"类,新增"职业"成员变量,重写"姓氏"类常量、构造方法和"显示信息"成员方法;定义一个"女儿"类继承"父亲"类,新增"星座"成员变量,重写构造方法和"显示信息"成员方法。实例代码如下。

```
<?php
```

```php
class FatherObject                          //定义 "父亲" 类
{
    const SURNAME = '夏';              //定义 "姓氏" 类常量
    public $name;                      //定义 "名字" 成员变量
    public $age;                       //定义 "年龄" 成员变量
    //定义构造方法
    public function __construct($name, $age)
    {
        $this->name = $name;       //为 "名字" 赋值
        $this->age = $age;         //为 "年龄" 赋值
    }
    //定义 "显示信息" 成员方法
    public function returnInformation()
    {
        //显示姓名
        echo '父亲:'.FatherObject::SURNAME.$this->name.'<br/>';
        echo '年龄:'.$this->age.'<br/>';      //显示年龄
    }
}


//定义 "儿子" 类继承 "父亲" 类
class SonObject extends FatherObject
{
    constSURNAME = '刘';               //定义 "姓氏" 类常量
    public $occupation;                //定义 "职业" 成员变量
    //定义构造方法
    public function __construct($name, $age, $occupation)
    {
        $this->name = $name;       //为 "名字" 赋值
        $this->age = $age;         //为 "年龄" 赋值
        //为 "职业" 赋值
        $this->occupation = $occupation;
    }
    //定义 "显示信息" 成员方法
    public function returnInformation()
    {
        //显示姓名
        echo '儿子:'.SonObject::SURNAME.$this->name.'<br/>';
        echo '年龄:'.$this->age.'<br/>';      //显示年龄
        //显示职业
        echo '职业:'.$this->occupation.'<br/>';
    }
}


//定义 "女儿" 类继承 "父亲" 类
class DaughterObject extends FatherObject
```

```
    {
        public $constellation;                //定义"星座"成员变量
        //定义构造方法
        public function __construct($name, $age, $constellation)
        {
            $this->name = $name;           //为"名字"赋值
            $this->age = $age;             //为"年龄"赋值
            //为"星座"赋值
            $this->constellation = $constellation;
        }
        //定义"显示信息"成员方法
        public function returnInformation()
        {
            //显示姓名
            echo '女儿:'. DaughterObject::SURNAME. $this->name.'<br/>';
            echo '年龄:'. $this->age.'<br/>';        //显示年龄
            echo '星座:'. $this->constellation;      //显示星座
        }
    }
}

//设置编码格式,正确显示中文
header("content-Type: text/html; charset=gb2312");
//声明"父亲"对象
$father = new FatherObject('东海', 48);
$father->returnInformation();      //调用"显示信息"成员方法
//声明"儿子"对象
$son = new SonObject('星', 15, '初中生');
$son->returnInformation();         //调用"显示信息"成员方法
//声明"女儿"对象
$daughter = new DaughterObject('雪', 17, '金牛座');
$daughter->returnInformation();    //调用"显示信息"成员方法
?>
```

运行结果如图7-5所示。

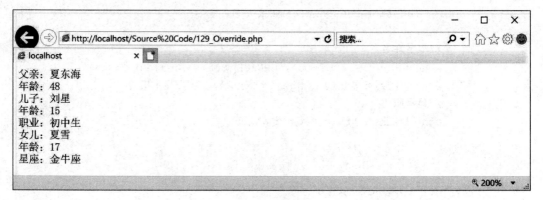

图7-5　覆盖

7.5.2　重载

重载是指在一个类中定义多个相同名称、不同参数数量或数据类型的成员方法，在调用时可以根据参数数量或数据类型的不同自动调用对应的成员方法，从而得到不同的结果。

这种直接使用相同成员方法名和不同参数的重载方法，能够被 Java 和 C++ 等语言支持，但是由于 PHP 不允许存在两个及以上的同名成员方法，因此重载并不能在 PHP 中被直接使用。

在 PHP 中，可以使用 __ call() 魔术方法间接地实现重载，语法格式如下。

```
function __ call(string $function_name, array $arguments)
```

其中，$function_name 为自动接收的不存在的方法名；$arguments 为以数组方式接收的不存在方法的参数。

> **注意**："__" 是两个下划线。

__ call() 魔术方法会在对象调用不存在的方法时自动调用。我们可以将其用来间接地实现重载功能，即通过条件控制语句判断 $arguments 数组元素的个数或数据类型来选择执行哪个方法。

如果需要在一个类中实现不同的重载，那么可以通过条件控制语句判断 $function_name 来实现。

【实例 7-7(130_Overload.php)】　定义一个"父亲"类，通过重载的方法分别显示两个基本信息"姓名"和"年龄"，以及三个基本信息"姓名""年龄""血型"。实例代码如下。

```php
<?php
    class FatherObject      //定义"父亲"类
    {
        //定义"显示信息"成员方法一
        public function returnInformation1($name, $age)
        {
            echo '父亲:'. $name. '<br/>';     //显示姓名
            echo '年龄:'. $age. '<br/>';      //显示年龄
        }
        //定义"显示信息"成员方法二
        public function returnInformation2($name, $age, $blood)
        {
            echo '父亲:'. $name. '<br/>';     //显示姓名
            echo '年龄:'. $age. '<br/>';      //显示年龄
            echo '血型:'. $blood;             //显示血型
        }
        //定义重载方法
        public function __ call($function_name, $arguments)
        {
```

```
                //判断调用的成员方法名
                if ($function_name == 'returnInformation')
                {
                    //判断参数个数
                    switch (count($arguments))
                    {
                        //两个参数
                        case2 :
                            //调用"显示信息"成员方法一
                            $this->returnInformation1($arguments[0], $arguments
                            [1]);
                        break;     //跳出
                        //三个参数
                        case 3 :
                            //调用"显示信息"成员方法二
                            $this->returnInformation2($arguments[0], $arguments
                            [1], $arguments[2]);
                        break;     //跳出
                        //默认值
                        default :
                            echo '重载失败';    //返回错误提示
                    }
                }
            }

    //设置编码格式,正确显示中文
    header("content-Type: text/html; charset=gb2312");
    //声明"父亲"对象
    $father = new FatherObject();
    //调用"显示信息"成员方法
    $father->returnInformation('夏东海', 48);
    //调用"显示信息"成员方法
    $father->returnInformation('夏东海', 48, 'O型');
?>
```

运行结果如图7-6所示。

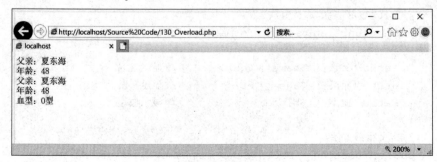

图7-6 重载

7.6　封装的实现

【封装的实现】

封装性是面向对象编程的三大特点之一，又称数据隐藏，是指将类的属性和不需要被调用的方法隐藏起来，只保留指定的接口（方法）与外部进行数据传递，即将那些不需要被使用者知道的成员变量和成员方法隐藏起来。

在 PHP 中，可以通过在定义成员变量和成员方法时的关键字 keyword 来限定其访问权限，从而实现封装。用于限定成员变量和成员方法的关键字 keyword 有三种。

（1）public：公共成员变量、成员方法，即程序中的任何位置（包括本类、子类、其他类和类外）都可以调用。

（2）private：私有成员变量、成员方法，即只能在本类被调用，不能在子类、其他类和类外调用。

（3）protected：保护成员变量、成员方法，即只能在本类和子类被调用，不能在其他类和类外调用。

> **说明**：为了实现封装，我们通常将成员变量设置为私有或保护，然后通过构造函数对其赋值。

【实例 7-8（131_Encapsulation. php）】　定义一个"父亲"类，具有"名字"公有成员变量、"年龄"私有成员变量、"血型"保护成员变量。实例代码如下。

```php
<?php
    class FatherObject                    //定义"父亲"类
    {
        public $name;                     //定义"名字"成员变量
        private $age;                     //定义"年龄"成员变量
        protected $blood;                 //定义"血型"成员变量
        //定义构造方法
        public function __construct($name, $age, $blood)
        {
            $this->name = $name;          //为"名字"赋值
            $this->age = $age;            //为"年龄"赋值
            $this->blood = $blood;        //为"血型"赋值
        }
    }

    //设置编码格式,正确显示中文
    header("content-Type: text/html; charset=gb2312");
    //声明"父亲"对象。
    $father = new FatherObject('夏东海', 48, 'O型');
    echo '姓名:'. $father->name. '<br/>';       //调用"姓名"属性
```

```
    echo '年龄:'. $father ->age. '<br/>';        //调用 "年龄" 属性
    echo '血型:'. $father ->blood;               //调用 "血型" 属性
?>
```

运行结果如图 7 - 7 所示。

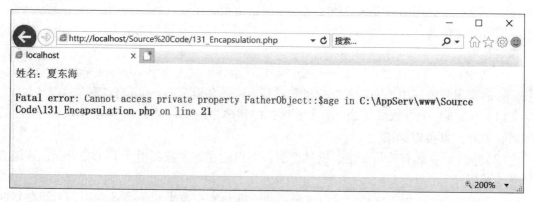

图 7 - 7　封装

注意：如果在访问权限以外调用成员变量、成员方法，会导致系统报错。

7.7　作用域操作符

在 PHP 中，可以使用作用域操作符 "::" 在没有声明任何实例的情况下调用类中的成员变量、类常量和成员方法，语法格式如下。

```
keyword::$attributename/CONSTANT_NAME/method_name;
```

其中，keyword 为关键字，用于指定作用域；$attributename 为成员变量名；CONSTANT_NAME 为类常量名；method_name 为成员方法名。

作用域操作符中的关键字 keyword 有三种。

（1）parent：父类，即可以调用父类中的成员变量、类常量或成员方法。

（2）self：本类，即可以调用本类中的成员变量、类常量或成员方法。

（3）类名：指定类名，即可以调用指定类中的成员变量、类常量或成员方法。

【实例 7 - 9（132_Scope_Resolution_Operator. php）】　定义一个 "父亲" 类，具有 "姓氏" 类常量，然后在本类、继承 "父亲" 类的 "儿子" 类和类外调用该类常量。实例代码如下。

```php
<?php
    class FatherObject            //定义 "父亲" 类
    {
        const SURNAME = '夏';      //定义 "姓氏" 类常量
        //定义 "显示姓氏" 成员方法
        public function returnSurname()
```

```
    {
        //显示姓氏
        echo '姓氏:'. self::SURNAME. ' < br/ > ';
    }
}
//定义"儿子"类继承"父亲"类
class SonObject extends FatherObject
{
    //定义"显示姓氏"成员方法
    public function returnSurname()
    {
        //显示姓氏
        echo '姓氏:'. parent::SURNAME. ' < br/ > ';
    }
}
//设置编码格式,正确显示中文
header("content - Type: text/html; charset = gb2312");
$father = new FatherObject();      //声明"父亲"对象
$father -> returnSurname();         //调用"显示姓氏"成员方法
$son = new SonObject();            //声明"儿子"对象
$son -> returnSurname();            //调用"显示姓氏"成员方法
//直接调用类常量。
echo '姓氏:'. FatherObject::SURNAME;
? >
```

运行结果如图 7 - 8 所示。

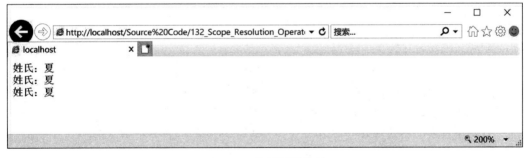

图 7 - 8　作用域操作符

7.8　静态成员变量和成员方法

静态成员变量和成员方法的作用与之前在变量的作用域中讲到的静态变量类似，即在对象被销毁后仍然保存被修改的静态数据。

在 PHP 中，可以使用关键字 static 定义静态成员变量或成员方法，语法格式如下。

```
static $attributename;
```

和

```
static function method_name([mixed $arg1[, mixed $…]])
```

其中，$attributename 为成员变量名；method_name 为成员方法名；$arg1 和 "$…" 为静态成员方法的参数。

> **说明：** 1. 在静态成员方法中不能调用非静态的成员变量，只能调用静态成员变量。
> 2. 静态成员变量或成员方法需要通过作用域操作符 "::" 来调用。

【实例 7 - 10（133_Static_Attribute. php）】 使用静态成员变量和成员方法统计网站的访问数。实例代码如下。

```php
<?php
    class Visitor                        //定义 "访客" 类
    {
        static $number = 1;             //定义 "数量" 静态成员变量
        //定义 "获取数量" 静态成员方法
        public static function getNumber()
        {
            //显示 "数量"。
            echo '第'. self:: $number. '位访客'. '<br>';
            self:: $number ++;         // "数量" 递增
        }
    }

    //设置编码格式,正确显示中文
    header("content - Type: text/html; charset = gb2312");
    $visitor1 = new Visitor();          //声明 "访客" 对象一
    $visitor1 ->getNumber();            //调用 "获取数量" 方法
    $visitor2 = new Visitor();          //声明 "访客" 对象二
    $visitor2 ->getNumber();            //调用 "获取数量" 成员方法
?>
```

运行结果如图 7 - 9 所示。

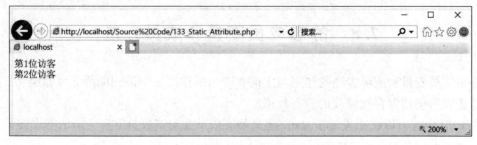

图 7 - 9 静态成员变量和成员方法

习 题

【拓展内容：面向对象编辑高级应用】

1. 填空题

（1）类是_____，我们可以将其理解为_____。

（2）属性对应客观世界中事物的_____，我们可以将其理解为_____。

（3）方法对应客观世界中事物的_____，我们可以将其理解为_____。

（4）对象是_____，具有_____，调用方法也会得到_____。

（5）在 PHP 中，可以使用_____关键字定义类，使用_____关键字声明对象。

（6）在 PHP 中，可以使用_____关键字实现继承，子类对象会优先使用_____，再使用_____。

（7）在 PHP 中，可以使用_____魔术方法间接地实现重载。

（8）在 PHP 中，可以使用_____在没有声明任何实例的情况下调用类中的成员变量、类常量和成员方法。

2. 选择题

（1）在 PHP 中，可以使用_____魔术方法在类中定义构造方法。

A. __ destruct( )　　　　　　　B. __ construct( )

C. __ set( )　　　　　　　　　D. __ autoload( )

（2）在 PHP 中，可以使用_____魔术方法在类中定义析构方法。

A. __ destruct( )　　　　　　　B. __ construct( )

C. __ set( )　　　　　　　　　D. __ autoload( )

（3）在 PHP 中，可以使用_____关键字在类中定义公共成员变量或成员方法。

A. private　　　　B. public　　　　C. protected　　　　D. static

（4）在 PHP 中，可以使用_____关键字在类中定义私有成员变量或成员方法。

A. private　　　　B. public　　　　C. protected　　　　D. static

（5）在 PHP 中，可以使用_____关键字在类中定义保护成员变量或成员方法。

A. private　　　　B. public　　　　C. protected　　　　D. static

（6）在 PHP 中，可以使用_____关键字在类中定义静态成员变量或成员方法。

A. private　　　　B. public　　　　C. protected　　　　D. static

3. 问答题

面向对象编程有哪三大特点？它们分别有什么含义？

4. 编程题

（1）定义一个商品类，具有商品编号、商品名称和商品价格三个私有成员变量，并通过成员方法实现以下功能。

① 构造方法：初始化所有成员变量。

② 显示信息方法：输出商品信息。

声明一个商品对象，商品编号为 1，商品名称为笔记本电脑，商品价格为 6999，并调用显示信息方法。

（2）定义一个服饰商品类，继承上题的商品类，具有商品编号、商品名称、服饰尺寸、商品价格、购买数量和购买总价六个私有成员变量，并通过成员方法实现以下功能。

① 构造方法：初始化商品编号、商品名称、服饰尺寸和商品价格。

② 购买方法：通过重载实现正价购买和促销购买两种购买方式，即只给予购买数量参数时为正价购买，给予购买数量和折扣率时为促销购买。同时输出商品信息、购买数量和购买总价。

声明一个服饰商品对象，商品编号为 2，商品名称为 T 恤，服饰尺寸为 L，商品价格为 99。调用购买方法，第一次购买为正价购买，购买 1 件；第二次购买为促销购买，购买 2 件，折扣率为 0.9。

【习题答案】

第 8 章

MySQL数据库管理系统

本章主要内容：
- MySQL 数据库管理系统概述
- 控制服务器的方法
- 操作数据库的方法
- 操作数据表的方法
- 操作数据的方法
- 备份数据库的方法和恢复数据库的方法

8.1 概　　述

MySQL 是由瑞典 MySQL AB 公司开发的一种完全网络化的、跨平台的、开源的关系型数据库，目前属于 Oracle 旗下的产品，是目前最流行的开源数据库之一，也是目前运行速度很快的 SQL 语言数据库。

目前许多中小型网站都采用 MySQL 作为网站数据库，因为 MySQL 具有以下特点。

（1）提供多种数据存储引擎：MySQL 提供了多种数据库存储引擎以适用于不同的应用场合。用户可以根据应用场合选择最合适的引擎来获得最高的性能。

（2）卓越的跨平台特性：MySQL 支持至少 20 种以上的开发平台，包括 Windows、UNIX、Linux 和 Mac OS 等，并且不需要修改就可以在各平台之间进行移植。

（3）运行速度快：MySQL 采用极快的 B 树磁盘表和索引压缩、优化的单扫描多连接和高度优化的类库，因此能够极快地实现连接和运行 SQL 函数。

（4）安全性高：MySQL 灵活安全的权限和密码系统允许主机的基本验证。而在连接服务器时，所有的密码传输都采用的是加密形式，从而有效地保证了密码的安全。

（5）支持多种开发语言：MySQL 能够支持包括 PHP、ASP. NET、Java、C、C++ 在内的各种流行程序设计语言，并为它们提供很多 API 函数。

（6）存储容量大：MySQL 的最大有效表容量通常是由操作系统对文件大小的限制决定的，不会被 MySQL 本身限制。

8.2 服务器控制

服务器控制是指针对 MySQL 服务进行的启动、连接、断开和停止等操作。

8.2.1 启动服务

在 Windows 操作系统中，可以通过系统服务管理界面来启动 MySQL 服务，具体步骤如下。

（1）右击"此电脑（或计算机）"图标，在弹出的快捷菜单中选择"管理"命令，打开"计算机管理"窗口，如图 8-1 所示。

（2）选择并展开"服务和应用程序"选项，然后选择"服务"命令，打开图 8-2 所示的系统服务管理界面。

（3）右击 mysql57 项目，在弹出的快捷菜单中选择"启动"命令。如图 8-3 所示，mysql57 服务的状态显示为"正在运行"，则说明 MySQL 服务启动成功。

8.2.2 连接和断开服务器

在 Windows 操作系统中，可以通过 Windows 命令处理程序窗口来连接 MySQL 服务器，具体步骤如下。

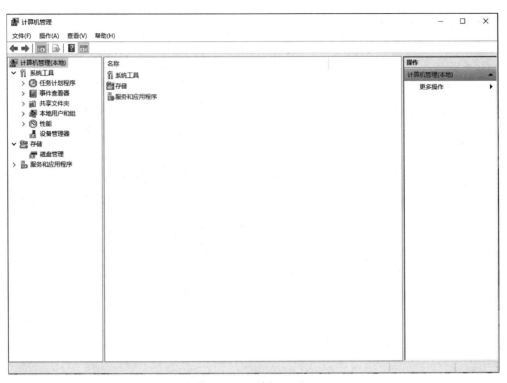

图 8-1 计算机管理窗口

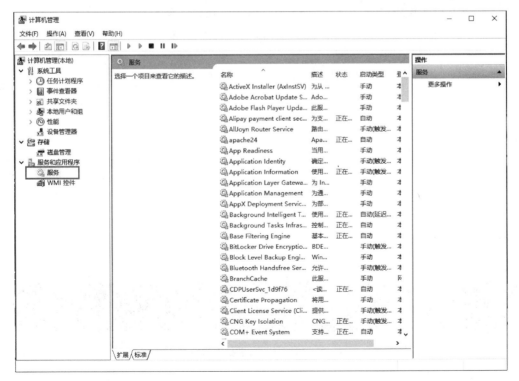

图 8-2 系统服务管理界面

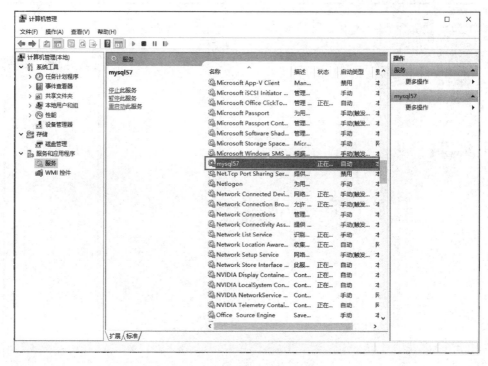

图 8-3　MySQL 服务启动成功

（1）按 WIN + R 组合键，打开图 8-4 所示的"运行"对话框。

图 8-4　"运行"对话框

（2）在"打开"文本框中输入 cmd 命令，并单击"确定"按钮，打开 Windows 命令处理程序窗口，如图 8-5 所示。

图 8-5　Windows 命令处理程序窗口

（3）输入**mysql - uroot - h 127. 0. 0. 1 - ppassword**，按 Enter 键。其中，root 为 MySQL 的用户名；"127. 0. 0. 1"为 MySQL 服务器所在的地址；password 为 MySQL 的密码。

说明: 1. MySQL 默认用户名为 root。

2. MySQL 默认服务器所在地址为 127.0.0.1, 可以省略不写。

若显示如图 8-6 所示, 说明连接 MySQL 服务器成功。

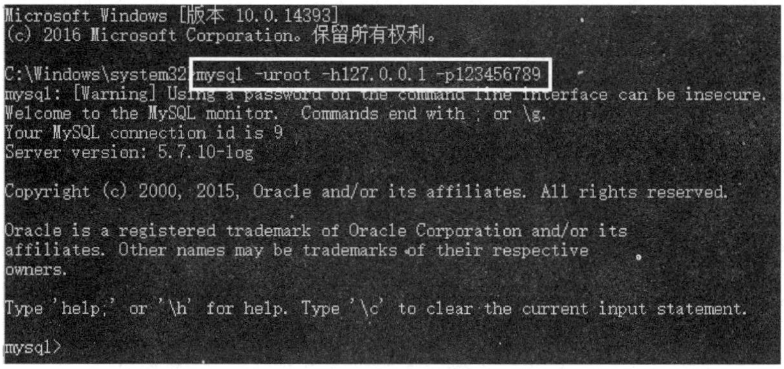

图 8-6   连接 MySQL 服务器成功

说明: 如果密码在 "-p" 后直接给出, 那么密码就是以明文的方式显示的。如果需要以加密的方式显示密码, 那么输入 mysql - uroot - h 127.0.0.1 - p 后按 Enter 键, 提示输入密码, 这时输入的密码以加密的方式显示。

成功连接 MySQL 服务器后, 就能够使用 SQL 语句对 MySQL 进行操作了。而结束对 MySQL 的操作后, 还需要使用 exit 或 quit 命令断开与 MySQL 服务器的连接。若显示如图 8-7 所示, 说明断开 MySQL 服务器成功。

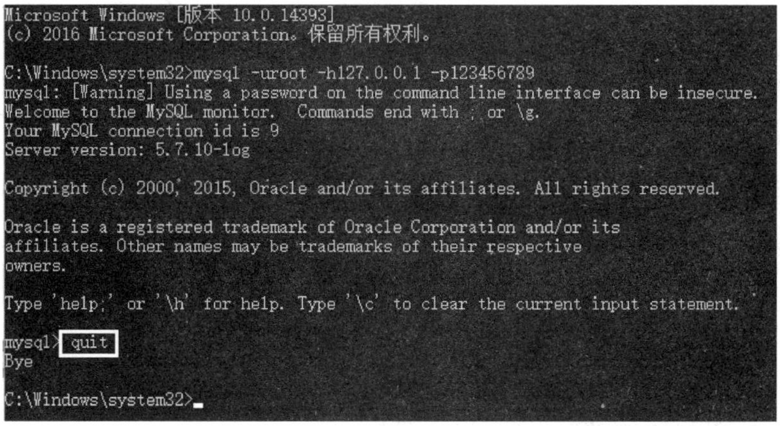

图 8-7   断开 MySQL 服务器成功

8.2.3   停止服务

有时为了提高计算机性能, 可以在不使用 MySQL 时停止 MySQL 服务。而停止 MySQL

服务的方法和启动 MySQL 服务的方法类似，只需要找到并右击 mysql57 项目，在弹出的快捷菜单中选择"停止"命令即可。

若显示如图 8-8 所示，即 mysql57 服务无状态，则说明停止 MySQL 服务成功。

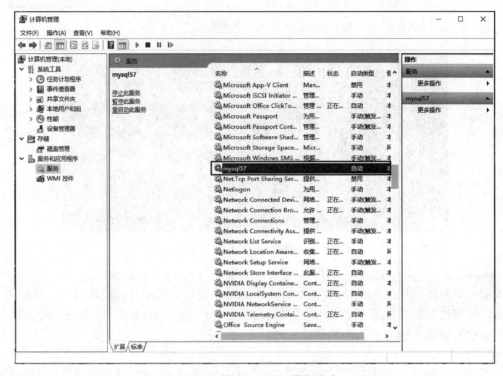

图 8-8 停止 MySQL 服务成功

8.3 数据库操作

图 8-9 选择命令客户端

启动并连接 MySQL 服务器后，即可对数据库进行操作。数据库操作主要包括创建、查看、选择和删除等。

除了可以使用 Windows 命令处理程序窗口在连接 MySQL 服务器后输入和执行 SQL 语句外，PHP 环境组合包为用户提供了一个名为 MySQL Command Line Client 的命令客户端，用于直接输入和执行 SQL 语句，具体用法如下。

（1）打开"开始"菜单，选择 AppServ→MySQL Command Line Client 命令，如图 8-9 所示。

（2）打开图 8-10 所示的命令客户端窗口，输入 MySQL 的密码，并按 Enter 键，然后就能输入和执行 SQL 语句。

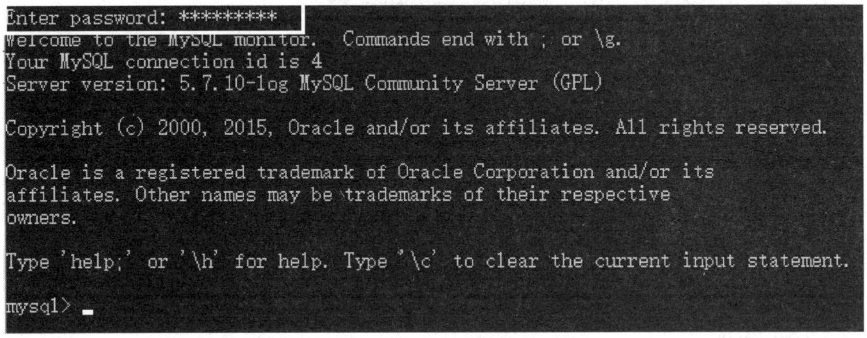

图 8-10 命令客户端窗口

8.3.1 创建数据库

在 MySQL 中，可以使用 create database 语句创建数据库，语法格式如下。

```
create database db_name;
```

其中，db_name 为数据库名。

【实例 8-1】 在 MySQL 中创建名为 db_users 的数据库。执行结果如图 8-11 所示。

```
mysql> create database db_users;
Query OK, 1 row affected (0.01 sec)
```

图 8-11 创建数据库

应该注意，在创建数据库时，数据库的命名有以下几项规则。

（1）不能与其他数据库重名。

（2）数据库名可以由字母、数字、下划线 "_" 和美元符号 " $ " 组成，可以由上述任意字符开头，但是不能单独使用数字命名。

（3）数据库名最长可为 64 个字符，别名最长可为 256 个字符。

（4）不能使用 MySQL 关键字作为数据库名或表名。

（5）在默认情况下，Windows 操作系统下数据库名和表名的大小写是不敏感的，而在 Linux 操作系统下数据库名和表名的大小写是敏感的。为了便于在平台间进行数据库移植，建议采用小写来定义数据库名和表名。

8.3.2 查看数据库

在 MySQL 中，可以使用 show databases 语句查看 MySQL 中所有的数据库信息，语法格式如下。

```
show databases;
```

【实例 8-2】 查看 MySQL 中所有的数据库信息。执行结果如图 8-12 所示。

图 8 - 12　查看数据库

8.3.3　选择数据库

在 MySQL 中，可以使用 use 语句选择一个数据库作为当前默认的数据库，语法格式如下。

```
use db_name;
```

其中，db_name 为数据库名。

> **说明：** 当成功选择某个数据库作为当前默认的数据库后，即可针对该数据库进行数据表操作等。

```
mysql> use db_users;
Database changed
```

图 8 - 13　选择数据库

【实例 8 - 3】　在 MySQL 中选择 db_users 作为当前默认的数据库。执行结果如图 8 - 13 所示。

8.3.4　删除数据库

在 MySQL 中，可以使用 drop database 语句删除指定的数据库，语法格式如下。

```
drop database db_name;
```

其中，db_name 为数据库名。

> **注意：** 必须谨慎使用删除数据库操作，因为一旦执行该操作，数据库的所有结构和数据都会被删除，除非数据库有备份，否则无法恢复。

【实例 8 - 4】　在 MySQL 中删除名为 db_users 的数据库。执行结果如图 8 - 14 所示。

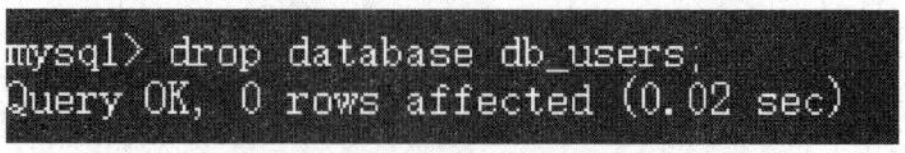

```
mysql> drop database db_users;
Query OK, 0 rows affected (0.02 sec)
```

图 8 - 14　删除数据库

8.4　数据表操作

数据表操作主要包括创建、查看、修改、重命名和删除等操作，其中查看包括查看指定数据库中所有的数据表信息和查看指定数据表的结构。

注意：操作数据表之前需要选择数据库。

8.4.1 创建数据表

在 MySQL 中，可以使用 create table 语句创建数据表，语法格式如下。

`create table` tb_name (col_name type, col_name type, ⋯);

其中，tb_name 为数据表名；col_name 为字段名；type 为字段的数据类型。

【实例 8-5】 在数据库 db_users 中创建名为 tb_user 的数据表，其具有 col_id、col_name 和 col_password 三个字段。执行结果如图 8-15 所示。

图 8-15 创建数据表

说明：not null/null 为指明字段是否允许为空，默认为 null；auto_increment 为设置自动编号，每个表只能有一个自动编号列，并且必须被索引；primary key 为指明字段是否为主键，主键具有唯一性，并且每个表只能有一个主键。

8.4.2 查看数据表

在 MySQL 中，可以使用 show tables 语句查看指定数据库中所有的数据表信息，语法格式如下。

`show tables from` db_name;

其中，db_name 为数据库名。

【实例 8-6】 查看数据库 db_users 中所有的数据表信息。执行结果如图 8-16 所示。

图 8-16 查看数据表

8.4.3 查看数据表结构

在 MySQL 中，可以使用 show columns 语句或 describe 语句查看指定数据表的结构。
（1）show columns 语句的语法格式如下。

`show columns from` tb_name [`from` db_name];

其中，tb_name 为数据表名；db_name 为数据库名。

【实例 8 - 7】 使用 show columns 语句查看数据表 tb_user 的结构。执行结果如图 8 - 17 所示。

```
mysql> show columns from tb_user from db_users;
+--------------+-------------+------+-----+---------+----------------+
| Field        | Type        | Null | Key | Default | Extra          |
+--------------+-------------+------+-----+---------+----------------+
| col_id       | int(11)     | NO   | PRI | NULL    | auto_increment |
| col_name     | varchar(32) | NO   |     | NULL    |                |
| col_password | varchar(32) | NO   |     | NULL    |                |
+--------------+-------------+------+-----+---------+----------------+
3 rows in set (0.00 sec)
```

图 8 - 17　使用 show columns 语句查看数据表

（2）describe 语句的语法格式如下。

describe tb_name [col_name];

或

desc tb_name [col_name];

其中，tb_name 为数据表名；col_name 为字段名。

【实例 8 - 8】 使用 describe 语句查看数据表 tb_user 的结构。执行结果如图 8 - 18 所示。

```
mysql> use db_users;
Database changed
mysql> describe tb_user;
+--------------+-------------+------+-----+---------+----------------+
| Field        | Type        | Null | Key | Default | Extra          |
+--------------+-------------+------+-----+---------+----------------+
| col_id       | int(11)     | NO   | PRI | NULL    | auto_increment |
| col_name     | varchar(32) | NO   |     | NULL    |                |
| col_password | varchar(32) | NO   |     | NULL    |                |
+--------------+-------------+------+-----+---------+----------------+
3 rows in set (0.00 sec)

mysql> desc tb_user col_id;
+--------+---------+------+-----+---------+----------------+
| Field  | Type    | Null | Key | Default | Extra          |
+--------+---------+------+-----+---------+----------------+
| col_id | int(11) | NO   | PRI | NULL    | auto_increment |
+--------+---------+------+-----+---------+----------------+
1 row in set (0.00 sec)
```

图 8 - 18　使用 describe 语句查看数据表

8.4.4　修改数据表结构

修改数据表结构是指在数据表中增加或删除字段，修改字段名或字段类型，设置或取消主键、外键，设置或取消索引等。

在 MySQL 中，可以使用 alter table 语句修改数据表的结构，语法格式如下。

alter [IGNORE] table tb_name alter_spec[, alter_spec[, …]];

其中，IGNORE 用于指定重复的关键行是否只执行一次；tb_name 为数据表名；alter_spec 为修改数据表结构的子语句。

> **说明**：alter table 语句允许指定多个 alter_spec 子语句，每个子语句之间使用逗号
> "，"分隔。

常用的 alter_spec 子语句如下。

（1）添加字段。

```
add col_name type
```

其中，col_name 为字段名；type 为字段的数据类型。

【**实例 8 - 9**】 在数据表 tb_user 中添加一个字段 col_time。执行结果如图 8 - 19 所示。

```
mysql> use db_users;
Database changed
mysql> desc tb_user;
+--------------+-------------+------+-----+---------+----------------+
| Field        | Type        | Null | Key | Default | Extra          |
+--------------+-------------+------+-----+---------+----------------+
| col_id       | int(11)     | NO   | PRI | NULL    | auto_increment |
| col_name     | varchar(32) | NO   |     | NULL    |                |
| col_password | varchar(32) | NO   |     | NULL    |                |
+--------------+-------------+------+-----+---------+----------------+
3 rows in set (0.00 sec)

mysql> alter table tb_user add col_time int;
Query OK, 0 rows affected (0.05 sec)
Records: 0  Duplicates: 0  Warnings: 0

mysql> desc tb_user;
+--------------+-------------+------+-----+---------+----------------+
| Field        | Type        | Null | Key | Default | Extra          |
+--------------+-------------+------+-----+---------+----------------+
| col_id       | int(11)     | NO   | PRI | NULL    | auto_increment |
| col_name     | varchar(32) | NO   |     | NULL    |                |
| col_password | varchar(32) | NO   |     | NULL    |                |
| col_time     | int(11)     | YES  |     | NULL    |                |
+--------------+-------------+------+-----+---------+----------------+
4 rows in set (0.00 sec)
```

图 8 - 19　添加字段

（2）添加索引。

```
add index index_name (col_name)
```

其中，index_name 为索引名；col_name 为字段名。

【**实例 8 - 10**】 在数据表 tb_user 中为字段 col_id 添加索引 id。执行结果如图 8 - 20 所示。

```
mysql> use db_users;
Database changed
mysql> alter table tb_user add index id(col_id);
Query OK, 0 rows affected (0.01 sec)
Records: 0  Duplicates: 0  Warnings: 0

mysql> show index from tb_user;
+---------+------------+----------+--------------+-------------+-----------+-------------+----------+--------+------+------------+---------+---------------+
| Table   | Non_unique | Key_name | Seq_in_index | Column_name | Collation | Cardinality | Sub_part | Packed | Null | Index_type | Comment | Index_comment |
+---------+------------+----------+--------------+-------------+-----------+-------------+----------+--------+------+------------+---------+---------------+
| tb_user |          0 | PRIMARY  |            1 | col_id      | A         |           0 | NULL     | NULL   |      | BTREE      |         |               |
| tb_user |          1 | id       |            1 | col_id      | A         |           0 | NULL     | NULL   |      | BTREE      |         |               |
+---------+------------+----------+--------------+-------------+-----------+-------------+----------+--------+------+------------+---------+---------------+
2 rows in set (0.00 sec)
```

图 8 - 20　添加索引

（3）添加主键。

```
add primary key (col_name)
```

其中，col_name 为字段名。

【实例 8-11】 在数据表 tb_user 中将字段 col_id 设为主键。执行结果如图 8-21 所示。

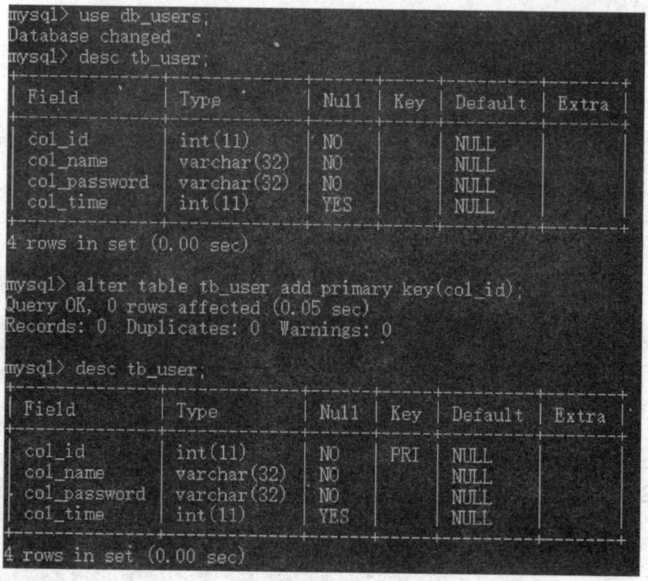

图 8-21 添加主键

（4）添加唯一索引。

```
add unique index_name (col_name)
```

其中，index_name 为索引名；col_name 为字段名。

【实例 8-12】 在数据表 tb_user 中为字段 col_id 添加唯一索引 id。执行结果如图 8-22 所示。

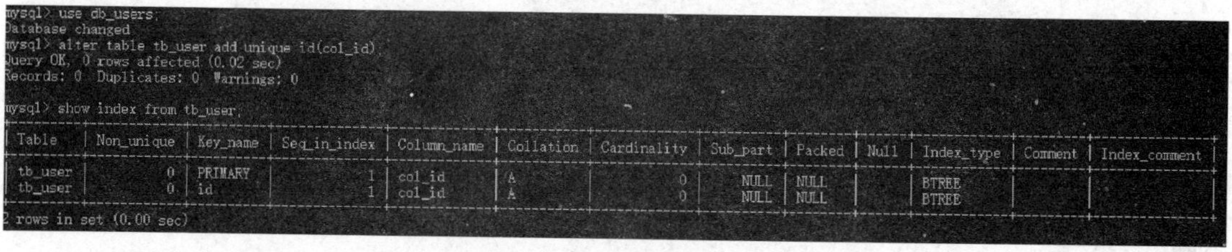

图 8-22 添加唯一索引

（5）修改字段。

```
change old_col_name new_col_name type
```

其中，old_col_name 为原字段名；new_col_name 为新字段名；type 为字段的数据类型。

【实例 8-13】 在数据表 tb_user 中将字段 col_time 修改为 time。执行结果如图 8-23 所示。

（6）删除字段。

```
drop col_name
```

其中，col_name 为字段名。

```
mysql> use db_users;
Database changed
mysql> desc tb_user;
+--------------+-------------+------+-----+---------+-------+
| Field        | Type        | Null | Key | Default | Extra |
+--------------+-------------+------+-----+---------+-------+
| col_id       | int(11)     | NO   | PRI | NULL    |       |
| col_name     | varchar(32) | NO   |     | NULL    |       |
| col_password | varchar(32) | NO   |     | NULL    |       |
| col_time     | int(11)     | YES  |     | NULL    |       |
+--------------+-------------+------+-----+---------+-------+
4 rows in set (0.00 sec)

mysql> alter table tb_user change col_time time varchar(32);
Query OK, 0 rows affected (0.09 sec)
Records: 0  Duplicates: 0  Warnings: 0

mysql> desc tb_user;
+--------------+-------------+------+-----+---------+-------+
| Field        | Type        | Null | Key | Default | Extra |
+--------------+-------------+------+-----+---------+-------+
| col_id       | int(11)     | NO   | PRI | NULL    |       |
| col_name     | varchar(32) | NO   |     | NULL    |       |
| col_password | varchar(32) | NO   |     | NULL    |       |
| time         | varchar(32) | YES  |     | NULL    |       |
+--------------+-------------+------+-----+---------+-------+
4 rows in set (0.00 sec)
```

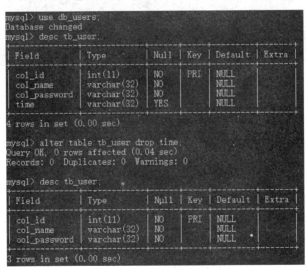

图 8－23　修改字段

【实例 8－14】　在数据表 tb_user 中删除字段 time。执行结果如图 8－24 所示。

```
mysql> use db_users;
Database changed
mysql> desc tb_user;
+--------------+-------------+------+-----+---------+-------+
| Field        | Type        | Null | Key | Default | Extra |
+--------------+-------------+------+-----+---------+-------+
| col_id       | int(11)     | NO   | PRI | NULL    |       |
| col_name     | varchar(32) | NO   |     | NULL    |       |
| col_password | varchar(32) | NO   |     | NULL    |       |
| time         | varchar(32) | YES  |     | NULL    |       |
+--------------+-------------+------+-----+---------+-------+
4 rows in set (0.00 sec)

mysql> alter table tb_user drop time;
Query OK, 0 rows affected (0.04 sec)
Records: 0  Duplicates: 0  Warnings: 0

mysql> desc tb_user;
+--------------+-------------+------+-----+---------+-------+
| Field        | Type        | Null | Key | Default | Extra |
+--------------+-------------+------+-----+---------+-------+
| col_id       | int(11)     | NO   | PRI | NULL    |       |
| col_name     | varchar(32) | NO   |     | NULL    |       |
| col_password | varchar(32) | NO   |     | NULL    |       |
+--------------+-------------+------+-----+---------+-------+
3 rows in set (0.00 sec)
```

图 8－24　删除字段

（7）删除主键。

```
drop primary key
```

注意： 删除主键之前需要先删除主键字段的自增长属性。

【实例 8－15】　删除数据表 tb_user 中的主键。执行结果如图 8－25 所示。

（8）删除索引。

```
drop index index_name
```

其中，index_name 为索引名。

图 8-25 删除主键

【实例 8-16】 在数据表 tb_user 中删除索引 password。执行结果如图 8-26 所示。

图 8-26 删除索引

8.4.5 重命名数据表

在 MySQL 中，可以使用 rename table 语句重命名数据表，语法格式如下。

rename table old_tb_name to new_tb_name;

其中，old_tb_name 为原数据表名；new_tb_name 为新数据表名。

> **说明**：该语句可以同时对多个数据表进行重命名，多个表之间以逗号 "," 分隔。

【实例 8-17】 将数据表 tb_user 重命名为 user。执行结果如图 8-27 所示。

图 8-27 重命名数据表

8.4.6 删除数据表

在 MySQL 中，可以使用 drop table 语句删除指定的数据表，语法格式如下。

```
drop table tb_name;
```

其中，tb_name 为数据表名。

> **注意**：必须谨慎使用删除数据表操作，因为一旦执行该操作，数据表中的数据将会被删除，除非有备份，否则无法恢复。

【**实例 8 – 18**】 删除数据表 tb_user。执行结果如图 8 – 28 所示。

```
mysql> use db_users;
Database changed
mysql> show tables;
+-------------------+
| Tables_in_db_users |
+-------------------+
| tb_user           |
+-------------------+
1 row in set (0.00 sec)

mysql> drop table tb_user;
Query OK, 0 rows affected (0.01 sec)

mysql> show tables;
Empty set (0.00 sec)
```

图 8 – 28 删除数据表

8.5 数 据 操 作

数据操作就是针对数据表中的数据进行添加、查询、修改和删除操作。

8.5.1 添加数据

在 MySQL 中，可以使用 insert into 语句向数据表中添加数据，语法格式如下。

```
insert into tb_name(col_name, col_name, …)
values ('value', 'value', …);
```

其中，tb_name 为数据表名；col_name 为字段名；value 为字段值。

> **注意**：字段值需要使用单引号标记。

> **说明**：该语句可以同时插入多条数据，各行记录的值清单在 values 关键字后以逗号","分隔。

【**实例 8 – 19**】 在数据表 tb_user 中添加一行数据。执行结果如图 8 – 29 所示。

图 8 - 29　添加数据

8.5.2　查询数据

在 MySQL 中，可以使用 select 语句查询数据表中的数据，语法格式如下。

select col_name, col_name, …
from tb_name
[**where** primary_constraint]
[**group by** grouping_columns]
[**order by** sorting_columns]
[**having** secondary_constraint]
[**limit** count]

其中，col_name 为字段名，如果为星号 "＊"，则表示所有字段；tb_name 为数据表名；primary_constraint 为首要查询条件；grouping_columns 为分组方式；sorting_columns 为排序方式；secondary_constraint 为次要查询条件；count 为输出的结果行数。

> 说明：MySQL 中可以嵌套使用 select 语句，即在查询条件 primary_constraint 中使用小括号 "（）"，并在小括号中嵌套 select 语句。

【实例 8 - 20】　查询数据表 tb_ user 中 col_id ＝ 1 的数据。执行结果如图 8 - 30 所示。

图 8 - 30　查询数据

在 MySQL 中，不但可以使用 select 语句查询一个数据表中的数据，而且可以针对多个数据表进行查询。

实现多个数据表的数据查询的关键是字段名用 tb_name. col_name 表示，这样可以防止因数据表之间的字段重名而无法获知该字段属于哪个表，语法格式如下。

select tb_name. col_name, tb_name. col_name, …

```
from tb_name, tb_name, …
[where tb_name. col_name = tb_name. col_name and primary_constraint]
[group by grouping_columns]
[order by sorting_columns]
[having secondary_constraint]
[limit count]
```

其中，col_name 为字段名，如果为星号"＊"，则表示所有字段；tb_name 为数据表名；primary_constraint 为首要查询条件；grouping_columns 为分组方式；sorting_columns 为排序方式；secondary_constraint 为次要查询条件；count 为输出的结果行数。

【实例8 –21】　查询数据表 tb_user 和 tb_information 中 col_id 相同的数据。执行结果如图 8 – 31 所示。

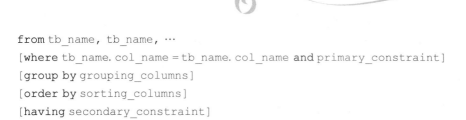

图 8 – 31　多表查询

8.5.3　修改数据

在 MySQL 中，可以使用 update 语句修改数据表中的数据，语法格式如下。

```
update tb_name set col_name ='value', col_name ='value', … where constraint;
```

其中，tb_name 为数据表名；col_name 为字段名；value 为字段值；constraint 为修改条件。

> 注意：修改数据时一定要保证 where 子语句的正确性。如果 where 子语句出错，将会破坏所有改变的数据。

【实例8 –22】　修改数据表 tb_user 中 col_id = 3 的数据。执行结果如图 8 – 32 所示。

```
mysql> use db_users;
Database changed
mysql> select * from tb_user;
+--------+----------+--------------+
| col_id | col_name | col_password |
+--------+----------+--------------+
|      1 | user1    | password1    |
|      2 | user2    | password2    |
|      3 | user3    | password3    |
+--------+----------+--------------+
3 rows in set (0.00 sec)

mysql> update tb_user set col_password='password' where col_id='3';
Query OK, 1 row affected (0.00 sec)
Rows matched: 1  Changed: 1  Warnings: 0

mysql> select * from tb_user;
+--------+----------+--------------+
| col_id | col_name | col_password |
+--------+----------+--------------+
|      1 | user1    | password1    |
|      2 | user2    | password2    |
|      3 | user3    | password     |
+--------+----------+--------------+
3 rows in set (0.00 sec)
```

图 8 – 32　修改数据

8.5.4 删除数据

在 MySQL 中，可以使用 delete 语句删除数据表中的数据，语法格式如下。

delete from tb_name where constraint;

其中，tb_name 为数据表名；constraint 为删除条件。

> **说明**：如果没有指定删除条件 constraint，那么将删除所有数据；如果指定了删除条件 constraint，那么将按照指定的条件进行删除。

> **注意**：在实际应用中，执行删除的条件一般应为数据的主键 id，而不是具体某个字段值，这样可以避免一些不必要的错误发生。

【**实例 8 - 23**】 删除数据表 tb_user 中 col_id = 3 的数据。执行结果如图 8 - 33 所示。

图 8 - 33 删除数据

8.6 备份与恢复

备份是指将指定数据库中的数据以文本文件的形式存储到指定文件夹中，而恢复则是通过指定文件夹中的文本文件（备份文件）将数据还原到指定的数据库中。

在进行备份与恢复之前，需要在 my. ini 文件（X:\AppServ\MySQL）中进行设置，即将其中的 no - beep 使用符号 "#" 注释。

8.6.1　备份数据库

在 Windows 命令处理程序中，可以使用 mysqldump 命令对指定的数据库进行备份，语法格式如下。

mysqldump－uroot－ppassword db_name ＞path;

其中，root 为 MySQL 的用户名；password 为 MySQL 的密码；db_name 为数据库名；path 为备份文件的路径，即包含文件名的文件路径。

【实例 8－24】　将数据库 db_users 备份到指定文件 C:\Files\user. txt 中。执行结果如图 8－34 所示。

```
C:\WINDOWS\system32>mysqldump -uroot -p123456789 db_users >C:\Files\user.txt
mysqldump: [Warning] Using a password on the command line interface can be insecure.
```

图 8－34　备份数据库

8.6.2　恢复数据库

在 Windows 命令处理程序中，可以使用 mysql 命令恢复指定的数据库，语法格式如下。

mysql－uroot－ppassword db_name ＜path;

其中，root 为 MySQL 的用户名；password 为 MySQL 的密码；db_name 为数据库名；path 为备份文件的路径，即包含文件名的文件路径。

【实例 8－25】　通过备份文件 C:\Files\user. txt 恢复数据库 db_users。执行结果如图 8－35 所示。

```
C:\WINDOWS\system32>mysql -uroot -p123456789 db_users <C:\Files\user.txt
mysql: [Warning] Using a password on the command line interface can be insecure.
```

图 8－35　恢复数据库

习　　题

【拓展内容：
phpMyAdmin】

1. 填空题

（1）在 MySQL 中，使用_____语句创建数据库，使用_____语句查看数据库，使用_____语句选择数据库，使用_____语句删除数据库。

（2）在 MySQL 中，使用_____语句创建数据表，使用_____语句查看数据表，使用_____语句查看数据表结构，使用_____语句修改数据表结构，使用_____语句重命名数据表，使用_____语句删除数据表。

（3）在 MySQL 中，使用_____语句添加数据，使用_____语句查询数据，使用_____语句修改数据，使用_____语句删除数据。

2. 编程题

在 MySQL 数据库管理系统中创建一个名为 db_resident 的数据库；然后在该数据库中创建一个名为 tb_information 的数据表，具有编号、姓名、年龄和性别四个字段；其次在该数据表中插入 3 行记录 " '1' , '张三' , '28' , '男'" " '2' , '李四' , '21' , '女'" " '3' , '王五' , '42' , '男'"，并查询数据表中的所有数据；最后将"女"修改为"男"，并删除最后一行记录。

【习题答案】

第 9 章

PHP操作MySQL数据库

本章主要内容：

- PHP 操作 MySQL 数据库的步骤和方法
- PDO 数据库抽象层的使用方法

9.1　操 作 步 骤

在实际开发中，数据一般都是通过编程语言来进行操作的，即需要使用 PHP 来操作 MySQL 数据库。而使用 PHP 操作 MySQL 数据库一般有以下几个步骤。

（1）连接 MySQL 服务器：使用 mysql_connect( ) 函数建立与 MySQL 服务器的连接。

（2）选择 MySQL 数据库：使用 mysql_select_db( ) 函数选择 MySQL 数据库，以针对该数据库进行操作。

（3）执行 SQL 语句：使用 mysql_query( ) 函数执行相应的 SQL 语句。

（4）获取结果：获取执行查询操作后得到的结果集。

（5）关闭结果集：使用 mysql_free_result( ) 函数关闭结果集，以释放其占用的内存。

（6）断开 MySQL 服务器连接：使用 mysql_close( ) 函数断开与 MySQL 服务器的连接，以节省系统资源。

9.2　连 接 服 务 器

在 PHP 中，可以使用 mysql_connect( ) 函数连接 MySQL 服务器，语法格式如下。

```
resource mysql_connect([string $server[, string $username[, string $password
  [, bool $new_link[, int $client_flags]]]]]);
```

mysql_connect( ) 函数，如果连接成功则返回连接资源，否则返回 false。其中，$server 为可选参数，用于指定 MySQL 服务器名或地址；$username 为可选参数，用于指定 MySQL 的用户名；$password 为可选参数，用于指定 MySQL 的密码；$new_link 为可选参数，用于指定是否建立重复的连接；$client_flags 为可选参数，用于指定连接方式。

【实例 9-1（134_MySQL_Connect. php）】　与 MySQL 服务器建立连接。实例代码如下。

```php
<?php
    //设置编码格式,正确显示中文
    header("content - Type: text/html; charset = gb2312");
    //连接 MySQL 服务器
    $link = mysql_connect('localhost', 'root', '123456789') or die('无法连接
      MySQL 服务器:'.mysql_error());
    //判断是否连接成功(可省略)
    if ($link)
    {
        echo '连接 MySQL 服务器成功';    //返回结果
    }
?>
```

运行结果如图 9-1 所示。

图 9 - 1 连接服务器

说明: mysql_connect( ) 函数通常和 die( ) 函数一起使用, 而 die( ) 函数的作用是在无法正常建立连接时返回明确的错误提示, 并退出当前脚本。

说明: 如果在执行中提示出现 Your password has expired, 可以在 MySQL Command Line Client 命令客户端输入 set password = password ('newpassword')。

9.3 选择数据库

在 PHP 中, 可以使用 mysql_select_db( ) 函数选择 MySQL 数据库, 语法格式如下。

```
bool mysql_select_db(string $database_name[, resource $link_identifier]);
```

mysql_select_db( ) 函数, 如果选择成功则返回 true, 否则返回 false。其中, $database_name 为数据库名; $link_identifier 为可选参数, 用于指定与 MySQL 服务器的连接资源。

说明: 如果没有指定 $link_identifier, 则使用上一个打开的连接; 如果没有打开的连接, 本函数将无参数调用 mysql_connect( ) 函数来尝试打开一个数据库并使用。

【实例 9 - 2(135_Select_DB. php)】 选择 MySQL 数据库 db_users。实例代码如下。

```php
<?php
    //设置编码格式,正确显示中文
    header("content - Type: text/html; charset = gb2312");
    //连接 MySQL 服务器
    $link = mysql_connect('localhost', 'root', '123456789') or die('无法连接
        MySQL 服务器:'.mysql_error());
    //选择 MySQL 数据库
    $boo = mysql_select_db('db_users', $link);
    //判断是否选择成功(可省略)
    if ($boo)
```

```
    {
        echo '选择 MySQL 数据库成功';        //返回结果
    }
? >
```

运行结果如图 9 - 2 所示。

图 9 - 2　选择数据库

> 说明：除 mysql_select_db( ) 函数外，还可以使用 mysql_query( ) 函数来选择 MySQL 数据库，因为 "use db_name;" 也是 SQL 语句。

9.4　执行 SQL 语句

在 PHP 中，可以使用 mysql_query( ) 函数执行 SQL 语句，语法格式如下。

```
resource mysql_query(string $query[, resource $link_identifier]);
```

mysql_query( ) 函数，如果执行查询语句成功则返回结果集资源，否则返回 false；如果执行添加、修改和删除语句成功则返回 true，否则返回 false。其中 $query 为 SQL 语句；$link_identifier 为可选参数，用于指定与 MySQL 服务器的连接资源。

> 说明：mysql_query( ) 函数操作的数据库是由 mysql_select_db( ) 选择的数据库。

> 注意：1. 在 mysql_query( ) 函数中执行的 SQL 语句不能以分号 ";" 结尾。
> 　　　 2. 在 mysql_query( ) 函数中通常使用双引号定义 SQL 语句，这样可以避免对单引号进行转义。

【实例 9 - 3(136_MySQL_Query. php)】　执行添加数据 SQL 语句 "insert into tb_user (id, name, password) values ('2', 'user2', 'password2')"。实例代码如下。

```
< ? php
    //设置编码格式,正确显示中文
```

```
header("content-Type: text/html; charset=gb2312");
//连接 MySQL 服务器
$link = mysql_connect('localhost', 'root', '123456789') or die('无法连接
    MySQL 服务器:'.mysql_error());
//选择 MySQL 数据库
mysql_select_db('db_users', $link);
//添加数据 SQL 语句
$sql = "insert into tb_user(id, name, password) values('2', 'user2',
    'password2')";
$result = mysql_query($sql, $link);    //执行 SQL 语句
//判断是否执行成功(可省略)
if ($result)
{
    echo '添加成功';                    //返回结果
}
?>
```

运行结果如图 9-3 所示。

图 9-3　执行 SQL 语句

9.5　获取查询结果

在使用 mysql_query() 函数执行查询语句后，查询到的数据会以结果集的方式存放在内存中，如果需要使用其中的数据，需要将它们从结果集中提取出来。

9.5.1　以数组的方式逐行获取结果

在 PHP 中，可以使用 mysql_fetch_array() 函数以数组的方式从结果集中逐行提取信息，语法格式如下。

```
resource mysql_fetch_array(resource $result[, int $result_type]);
```

mysql_fetch_array() 函数的返回值为保存结果集中数据的数组。其中，$result 为结果集资源；$result_type 为可选参数，用于数组的索引模式，MYSQL_ASSOC 为关联索引的数组，MYSQL_NUM 为数字索引的数组，MYSQL_BOTH 则为同时包含关联索引和数字索引的数组。

【实例9-4(137_MySQL_Fetch_Array.php)】 查询数据表 tb_user 中的所有数据，并以数组的形式获取结果。实例代码如下。

```php
<?php
    //设置编码格式,正确显示中文
    header("content-Type: text/html; charset=gb2312");
    //连接 MySQL 服务器
    $link = mysql_connect('localhost', 'root', '123456789') or die('无法连接
        MySQL 服务器:'.mysql_error());
    mysql_select_db('db_users', $link);          //选择 MySQL 数据库
    $sql = "select * from tb_user";              //查询数据 SQL 语句
    $result = mysql_query($sql, $link);          //执行 SQL 语句
    //获取结果集中的信息
    while ($info = mysql_fetch_array($result, MYSQL_ASSOC))
    {
        print_r($info);      //输出数组结构
        echo '<br/>';        //换行
    }
?>
```

运行结果如图9-4所示。

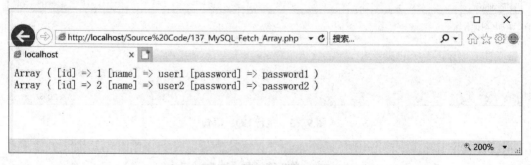

图9-4 以数组的方式逐行获取结果

9.5.2 以对象的方式逐行获取结果

在 PHP 中，可以使用 mysql_fetch_object() 函数以对象的方式从结果集中逐行提取信息，语法格式如下。

```php
object mysql_fetch_object(resource $result);
```

mysql_fetch_object() 函数的返回值为保存结果集中数据的对象。其中，$result 为结果集资源。

【实例9-5(138_MySQL_Fetch_Object.php)】 查询数据表 tb_user 中的所有数据，并以对象的方式获取结果。实例代码如下。

```php
<?php
    //设置编码格式,正确显示中文
    header("content-Type: text/html; charset=gb2312");
```

2

```php
//连接 MySQL 服务器
$link = mysql_connect('localhost', 'root', '123456789') or die('无法连接
    MySQL 服务器:'.mysql_error());
mysql_select_db('db_users', $link);      //选择 MySQL 数据库
$sql = "select * from tb_user";          //查询数据 SQL 语句
$result = mysql_query($sql, $link);   //执行 SQL 语句
//获取结果集中的信息
while ($info = mysql_fetch_object($result))
{
    //显示结果
    echo 'id:'. $info->id. '、name:'. $info->name. '、password:'. $info->pass-
        word. '<br/>';
}
?>
```

运行结果如图 9-5 所示。

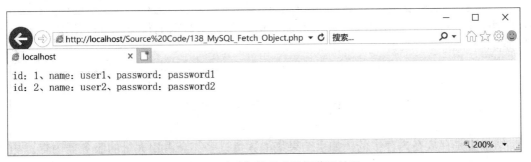

图 9-5　以对象的方式逐行获取结果

9.5.3　获取查询结果的行数

在 PHP 中，可以使用 mysql_num_rows() 函数获取查询结果的行数，语法格式如下。

```php
int mysql_num_rows(resource $result);
```

mysql_num_rows() 函数的返回值为查询结果的行数。其中，$result 为结果集资源。

【实例 9-6（139_MySQL_Num_Rows. php）】　查询数据表 tb_user 中的所有数据，并获取查询结果的行数。实例代码如下。

```php
<?php
//设置编码格式,正确显示中文
header("content-Type: text/html; charset=gb2312");
//连接 MySQL 服务器
$link = mysql_connect('localhost', 'root', '123456789') or die('无法连接
    MySQL 服务器:'.mysql_error());
//选择 MySQL 数据库
mysql_select_db('db_users', $link);
//查询数据 SQL 语句
$sql = "select * from tb_user";
```

```
    $result = mysql_query($sql, $link);    //执行 SQL 语句
    //显示结果
    echo '查询结果的行数:'.mysql_num_rows($result);
?>
```

运行结果如图 9-6 所示。

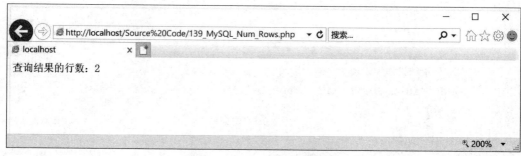

图 9-6　获取查询结果的行数

> **说明：** 如果需要获取由添加、修改和删除语句所影响数据的行数，可以使用 mysql_affected_rows() 函数。

9.6　关闭结果集

结果集是存放在内存中的。如果结果集的数量过多，会占用大量的服务器内存，导致服务器性能下降，因此在获取查询结果之后，要及时关闭结果集，以释放内存。

在 PHP 中，可以使用 mysql_free_result() 函数关闭结果集，语法格式如下。

```
bool mysql_free_result(resource $result);
```

mysql_free_result() 函数，如果关闭成功则返回 true，否则返回 false。其中，$result 为结果集资源。

【**实例 9-7(140_MySQL_Free_Result. php)**】　查询数据表 tb_user 中的所有数据，然后关闭结果集。实例代码如下。

```
<?php
    //设置编码格式,正确显示中文
    header("content-Type: text/html; charset=gb2312");
    //连接 MySQL 服务器
    $link = mysql_connect('localhost', 'root', '123456789') or die('无法连接
        MySQL 服务器:'.mysql_error());
    mysql_select_db('db_users', $link);      //选择 MySQL 数据库
    $sql = "select * from tb_user";          //查询数据 SQL 语句
    $result = mysql_query($sql, $link);      //执行 SQL 语句
    $boo = mysql_free_result($result);       //关闭结果集
    //判断是否关闭成功(可省略)
```

```
    if ($boo)
    {
        echo '关闭结果集成功';                    //返回结果
    }
? >
```

运行结果如图 9 - 7 所示。

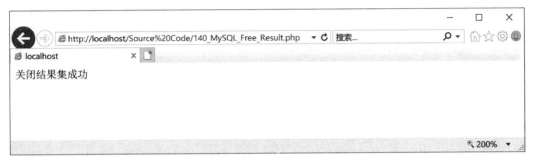

图 9 - 7　关闭结果集

9.7　断开服务器连接

除了关闭结果集外，在对 MySQL 数据库的操作完成之后，还需
要断开与 MySQL 服务器的连接，以节省系统资源。

在 PHP 中，可以使用 mysql_close() 函数断开服务器连接，语法
格式如下。

【PHP 操作 MySQL
数据库】

```
bool mysql_close([resource $link_identifier]);
```

mysql_close() 函数，如果断开成功则返回 true，否则返回 false。其中，$link_identifier 为可选参数，用于指定需要关闭的连接资源，如果没有指定则关闭上一个打开的连接。

【实例 9 - 8(141_MySQL_Close. php)】　查询数据表 tb_user 中的所有数据，然后关闭结果集，并断开与 MySQL 服务器的连接。实例代码如下。

```php
< ?php
    //设置编码格式,正确显示中文
    header("content - Type: text/html; charset = gb2312");
    //连接 MySQL 服务器
    $link = mysql_connect('localhost', 'root', '123456789') or die('无法连接
        MySQL 服务器:'.mysql_error());
    mysql_select_db('db_users', $link);        //选择 MySQL 数据库
    $sql = "select * from tb_user";            //查询数据 SQL 语句
    $result = mysql_query($sql, $link);        //执行 SQL 语句
    mysql_free_result($result);                //关闭结果集
    //断开与 MySQL 服务器的连接
    $boo = mysql_close($link);
```

```
//判断是否断开成功(可省略)
if ( $boo)
{
    //返回结果
    echo '成功断开与 MySQL 服务器的连接';
}
? >
```

运行结果如图 9 - 8 所示。

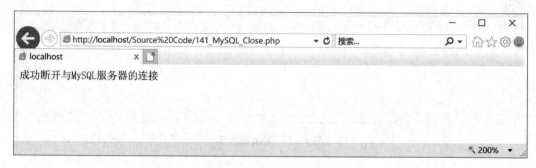

图 9 - 8　断开服务器连接

9.8　PDO 数据抽象层

【PDO 数据抽象层】

　　由于 PHP 支持广泛的数据库，虽然 AMP 是一个公认的网站开发黄金组合，但是在实际开发中也可能会使用 SQL Server、Oracle 等其他数据库管理系统。如果使用 MySQL 以外的数据库管理系统，那么 PHP 操作 MySQL 数据库的相关函数就不再适用，必须换为相应数据库的操作函数，这样就严重限制了程序的可移植性。因此，PHP 提供了 PDO（PHP Date Object，PHP 数据对象）数据库抽象层来解决这个问题。

　　PDO 能够支持 MySQL、SQL Server 和 Oracle 等众多数据库，为各种不同的数据库管理系统提供统一的访问接口，只需要根据所使用的数据库管理系统设置相应的 DSN（Date Source Name，数据源名称）即可，这令 PHP 的跨数据库使用变得更具亲和力。

　　要使用 PDO 数据库抽象层，首先需要进行加载，即在 php. ini 文件中写入 extension = php_pdo. dll。如果想要支持某个具体的数据库管理系统，那么还需要加载对应的数据库选项，如 extension = php_pdo_mysql. dll。

> 说明：PHP 环境组合包基本已经加载了 PDO 对 MySQL 数据库管理系统的支持选项，即 php. ini 文件中已经写入了 extension = php_pdo_mysql. dll。

9.8.1　连接服务器

　　在 PHP 中，想要使用 PDO 与数据库服务器建立连接，首先需要声明 PDO 对象，然后

通过 PDO 的构造方法来连接服务器，语法格式如下。

```
$pdo = new PDO(string $dsn[, string $username[, string $password[, array
    $driver_options]]]);
```

其中，$dsn 为数据源名称，包括数据库类型 $dbms、服务器名 $host 和数据库名称 $dbname，即 "$dbms;host = $host;dbname = $dbname"；$username 为可选参数，用于指定数据库的用户名；$password 为可选参数，用于指定数据库的密码；$driver_options 为可选参数，用于指定具有驱动的连接选项。

【实例 9 – 9(142_PDO_Connect.php)】　使用 PDO 建立与 MySQL 服务器的连接。实例代码如下。

```php
<?php
    //设置编码格式,正确显示中文
    header("content - Type: text/html; charset = gb2312");
    $dbms = 'mysql';            //数据库类型
    $host = 'localhost';        //服务器名称
    $dbname = 'db_users';       //数据库名称
    $username = 'root';         //数据库用户名
    $password = '123456789';    //数据库密码
    $dsn = " $dbms:host = $host;dbname = $dbname";     //数据源
    //声明 PDO 对象
    $pdo = new PDO( $dsn, $username, $password);
    echo 'PDO 连接服务器成功';    //显示结果
?>
```

运行结果如图 9 – 9 所示。

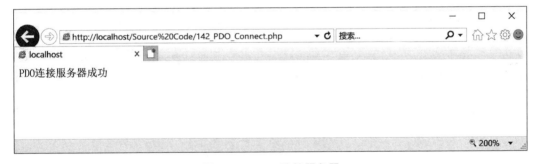

图 9 – 9　PDO 连接服务器

9.8.2　执行 SQL 语句

在 PDO 中，可以使用 exec() 方法、query() 方法和预处理方法执行 SQL 语句。

1. exec()

在 PDO 中，可以使用 exec() 方法获取执行 SQL 语句后受影响的行数，语法格式如下。

```
int PDO::exec(string $statement);
```

exec( ) 方法的返回值为受影响的行数。其中，$statement 为 SQL 语句。

> **说明：** exec( ) 方法通常用来执行添加、修改和删除语句，而查询语句则由 query( )
> 方法执行。

【实例 9 - 10(143_PDO_Exec. php)】 使用 exec( ) 方法执行添加数据 SQL 语句 "insert into tb_user（id, name, password) values（'3', 'user3', 'password3')"。实例代码如下。

```php
<?php
    //设置编码格式,正确显示中文
    header("content - Type: text/html; charset = gb2312");
    $dbms = 'mysql';              //数据库类型
    $host = 'localhost';          //服务器名称
    $dbname = 'db_users';         //数据库名称
    $username = 'root';           //数据库用户名
    $password = '123456789';      //数据库密码
    $dsn = "$dbms:host =$host;dbname =$dbname";    //数据源
    //声明 PDO 对象
    $pdo = new PDO($dsn, $username, $password);
    //添加数据 SQL 语句
    $sql = "insert into tb_user(id, name, password) values('3', 'user3', '
      password3')";
    $num = $pdo ->exec($sql); //执行 SQL 语句
    echo '受影响的行数:'. $num;    //显示结果
?>
```

运行结果如图 9 - 10 所示。

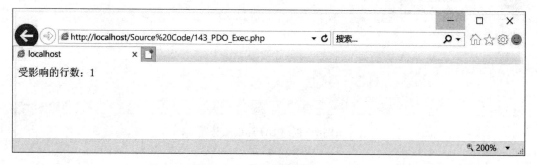

图 9 - 10　获取受影响的行数

2. query( )

在 PDO 中，可以使用 query( ) 方法获取执行查询语句后的结果集，语法格式如下。

```
PDOStatement PDO::query(string $statement);
```

query( ) 方法，如果查询成功则返回一个 PDOStatement 对象，否则返回 false。其中，

$statement 为 SQL 语句。

3. 预处理方法

预处理方法是指首先使用 prepare( ) 方法对 SQL 语句进行预处理，然后使用 execute( ) 方法执行预处理过的 SQL 语句。

（1）prepare( ) 方法：对 SQL 语句进行预处理，语法格式如下。

```
PDOStatement PDO::prepare(string $statement[, array $driver_options]);
```

prepare( ) 方法，如果预处理成功则返回一个 PDOStatement 对象，否则返回 false。其中，$statement 为 SQL 语句；$driver_options 为可选参数，用于设置 PDOStatement 对象的属性值。

（2）execute( ) 方法：执行预处理过的 SQL 语句，语法格式如下。

```
bool PDOStatement::execute([array $input_parameters]);
```

execute( ) 方法，如果执行成功则返回 true，否则返回 false。其中，$input_parameters 为可选参数，用于指定 SQL 语句中的参数值。

> 说明：预处理方法通常用来执行内容相同、参数值不同的 SQL 语句。

【实例 9 - 11（144_PDO_Execute. php）】　使用预处理方法执行添加数据 SQL 语句。实例代码如下。

```php
<?php
    //设置编码格式,正确显示中文
    header("content - Type: text/html; charset = gb2312");
    $dbms = 'mysql';              //数据库类型
    $host = 'localhost';          //服务器名称
    $dbname = 'db_users';         //数据库名称
    $username = 'root';           //数据库用户名
    $password = '123456789';      //数据库密码
    $dsn = " $dbms:host = $host;dbname = $dbname";     //数据源
    //声明 PDO 对象
    $pdo = new PDO( $dsn, $username, $password);
    //添加数据 SQL 语句
    $sql = "insert into tb_user(id, name, password) values(:id, :name, :pass-
        word)";
    $sth = $pdo ->prepare( $sql);      //预处理 SQL 语句
    //执行 SQL 语句
    $boo = $sth ->execute(array(':id' =>'4', ':name' =>'user4', ':password'
        =>'password4'));
    //判断是否执行成功
    if ( $boo)
    {
        echo '执行成功';              //显示结果
```

```
        }
    ? >
```

运行结果如图 9 - 11 所示。

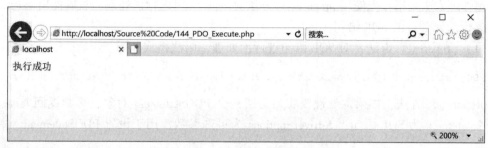

图 9 - 11   预处理执行 SQL 语句

9. 8. 3   获取查询结果

在 PDO 中，可以使用 fetch( ) 方法、fetchAll( ) 方法和 fetchColumn( ) 方法获取查询结果。

1. fetch( )

在 PDO 中，可以使用 fetch( ) 方法逐行提取结果集中的信息，语法格式如下。

```
mixed PDOStatement::fetch([int $fetch_style [, int $cursor_orientation [,
    int $cursor_offset]]]);
```

fetch( ) 方法的返回值为结果集中的一行数据。其中，$fetch_style 为可选参数（$fetch_style 参数的可选值见表 9 - 1），用于指定返回值类型；$cursor_orientation 为可选参数，用于指定 PDOStatement 对象的滚动游标，可用于获取指定行的数据；$cursor_offset 为可选参数，用于获取游标的偏移量。

表 9 - 1 $fetch_style 参数的可选值

预定义常量	返回值类型
PDO:: FETCH_ASSOC	关联索引数组
PDO:: FETCH_NUM	数字索引数组
PDO:: FETCH_BOTH	关联索引和数字索引数组
PDO:: FETCH_OBJ	对象
PDO:: FETCH_BOUND	布尔值，并将值付给 bindParam( ) 方法中的指定变量
PDO:: FETCH_LAZY	关联索引数组、数字索引数组、对象

【实例 9 - 12（145_PDO_Fetch. php）】   查询数据表 tb_user 中的所有数据，并逐行获取结果。实例代码如下。

```php
<?php
    //设置编码格式,正确显示中文
    header("content-Type: text/html; charset=gb2312");
    $dbms = 'mysql';                        //数据库类型
    $host = 'localhost';                    //服务器名称
    $dbname = 'db_users';                   //数据库名称
    $username = 'root';                     //数据库用户名
    $password = '123456789';                //数据库密码
    $dsn = "$dbms:host=$host;dbname=$dbname";    //数据源
    //声明 PDO 对象
    $pdo = new PDO($dsn, $username, $password);
    $sql = "select * from tb_user";    //查询数据 SQL 语句
    $result = $pdo->query($sql);       //执行 SQL 语句
    //获取结果集中的信息
    while ($info = $result->fetch(PDO::FETCH_ASSOC))
    {
        print_r($info);                //输出数组结构
        echo '<br/>';                  //换行
    }
?>
```

运行结果如图 9-12 所示。

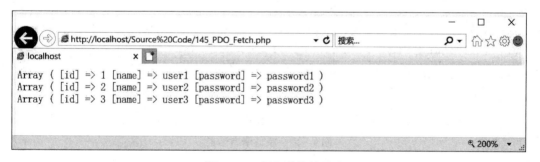

图 9-12　逐行获取结果

2. fetchAll( )

在 PDO 中, 可以使用 fetchAll( ) 方法提取结果集中的所有信息, 语法格式如下。

```
array PDOStatement::fetchAll([int $fetch_style[, mixed $fetch_argument[, ar-
    ray $ctor_args]]]);
```

fetchAll( ) 方法的返回值为结果集中的所有数据。其中, $fetch_style 为可选参数, 用于指定返回值类型; $fetch_argument 为可选参数, 用于指定返回值; $ctor_args 为可选参数, 用于指定当 $fetch_style 为 PDO:: FETCH_CLASS 时自定义类的构造函数的参数。

【实例 9-13(146_PDO_FetchAll. php)】　查询数据表 tb_user 中的所有数据, 并获取

所有结果。实例代码如下。

```php
<?php
    //设置编码格式,正确显示中文
    header("content-Type: text/html; charset=gb2312");
    $dbms = 'mysql';                    //数据库类型
    $host = 'localhost';                //服务器名称
    $dbname = 'db_users';               //数据库名称
    $username = 'root';                 //数据库用户名
    $password = '123456789';            //数据库密码
    $dsn = "$dbms:host=$host;dbname=$dbname";   //数据源
    //声明PDO对象
    $pdo = new PDO($dsn, $username, $password);
    $sql = "select * from tb_user";     //查询数据SQL语句
    $result = $pdo->query($sql);        //执行SQL语句
    //获取结果集中的信息
    $info = $result->fetchAll(PDO::FETCH_ASSOC);
    print_r($info);                     //输出数组结构
?>
```

运行结果如图9-13所示。

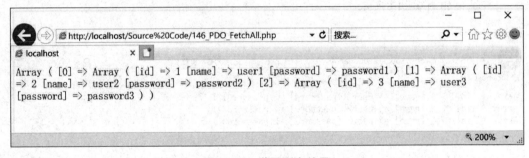

图9-13　获取所有结果

3. fetchColumn()

在PDO中,可以使用fetchColumn()方法逐行提取结果集中指定列的信息,语法格式如下。

```php
string PDOStatement::fetchColumn([int $column_number]);
```

fetchColumn()方法的返回值为结果集中一行指定列的数据。其中,$column_number为可选参数,用于指定列的索引数。

【实例9-14(147_PDO_FetchColumn. php)】 查询数据表tb_user中的所有数据,并获取所有name字段的结果。实例代码如下。

```php
<?php
    //设置编码格式,正确显示中文
```

```
header("content - Type: text/html; charset = gb2312");
$dbms = 'mysql';                    //数据库类型
$host = 'localhost';                //服务器名称
$dbname = 'db_users';               //数据库名称
$username = 'root';                 //数据库用户名
$password = '123456789';            //数据库密码
$dsn = " $dbms:host =$host;dbname =$dbname";     //数据源
//声明 PDO 对象
$pdo = new PDO( $dsn, $username, $password);
$sql = "select * from tb_user";     //查询数据 SQL 语句
$result = $pdo ->query( $sql);      //执行 SQL 语句
//获取结果集中的信息
while ( $info = $result -> fetchColumn (1))
{
    echo $info. '<br/>';            //显示结果
}
? >
```

运行结果如图 9 - 14 所示。

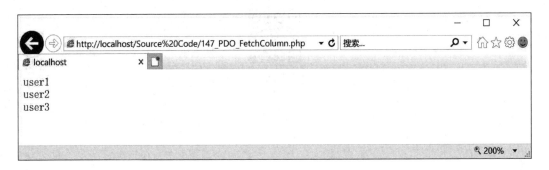

图 9 - 14 逐行获取指定列的结果

习　　题

1. 填空题

（1）使用 PHP 操作 MySQL 需要进行_____、_____、_____、_____、_____和_____六个步骤。

（2）在 PHP 中，可以使用_____函数连接 MySQL 服务器，使用_____函数选择 MySQL 数据库，使用_____函数执行 SQL 语句，使用_____函数关闭结果集，使用_____函数断开与 MySQL 服务器的连接。

（3）在 PDO 中，可以使用_____连接数据库服务器，使用_____方法执行添加、删除和修改语句，可以使用_____方法执行查询语句。

（4）在 PDO 中，可以使用_____逐行提取结果集中的信息，使用_____提取结果集中的所有信息，使用_____逐行提取结果集中指定列的信息。

2. 选择题

（1）在 PHP 中，可以使用_____函数以数组的方式逐行获取结果。

A. mysql_num_rows( )   B. mysql_fetch_array( )

C. mysql_affected_rows( )   D. mysql_fetch_object( )

（2）在 PHP 中，可以使用_____函数以对象的方式逐行获取结果。

A. mysql_num_rows( )   B. mysql_fetch_array( )

C. mysql_affected_rows( )   D. mysql_fetch_object( )

（3）在 PHP 中，可以使用_____函数获取查询结果的行数。

A. mysql_num_rows( )   B. mysql_fetch_array( )

C. mysql_affected_rows( )   D. mysql_fetch_object( )

3. 编程题

（1）使用面向对象编程的方法编写一个 MySQL 数据库操作类。

（2）使用面向对象编程的方法编写一个 PDO 数据库操作类。

【习题答案】

第 10 章

项 目 实 战

本章主要内容:
- 三层软件架构
- 使用 PHP 开发简单电子商务网站的方法
- 通过 Apache 发布 PHP 网站的方法
- PHP 开发框架
- PHP 模板引擎

10.1　三层软件架构

　　分层式结构是应用软件程序设计中最常见、最重要的一种结构，而三层软件架构是分层式结构中最常用的一种。

　　三层软件架构从逻辑上将应用软件程序的整个业务应用自上而下分为三个相互独立的层次，如图 10-1 所示。

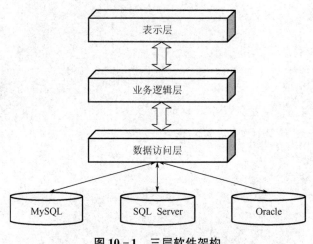

图 10-1　三层软件架构

　　（1）表示层（User Interface Layer，UIL）：位于三层架构的最上层，没有或仅有极其简单的处理能力，其主要作用是为用户提供人机交互界面，接收用户提交的请求，并为用户显示返回的结果。

　　（2）业务逻辑层（Business Logic Layer，BLL）：位于三层架构的中间层，承担着承上启下的重要作用，其主要作用是接收表示层的数据之后，进行相应的处理，并将结果返回表示层。

　　（3）数据访问层（Data Access Layer，DAL）：位于三层架构的最下层，没有逻辑判断能力，其主要作用是对数据库进行操作，并将结果返回业务逻辑层。

　　三层架构实现了"高内聚，低耦合"的开发思想，有效地保证了应用程序的封装性、重用性、可扩展性、可维护性和可移植性；同时可以使软件开发的分工更加明确，让开发人员能够专注于其中某个层次的设计和开发，显著地提高开发效率。

10.2　系统功能结构

　　电子商务网站一般分为前台系统和后台系统两个部分。

1. 前台系统

　　前台系统为消费者提供在线购物的一系列功能，包括搜索商品、注册、登录、个人信息管理、购物车管理、结算和订单查询等功能模块，如图 10-2 所示。

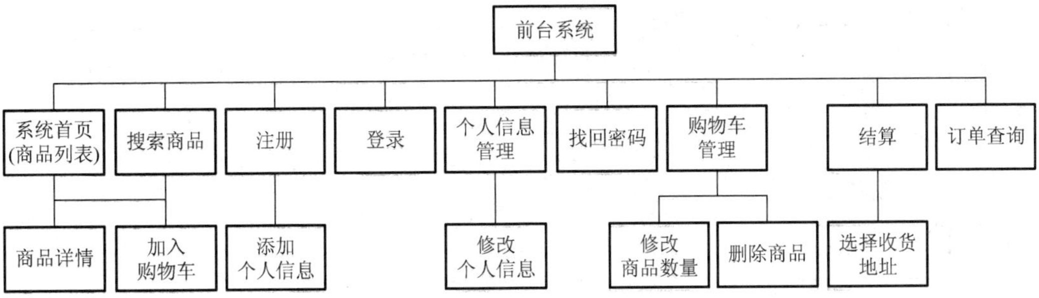

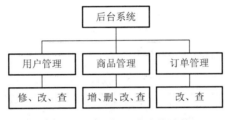

图 10-2 前台系统功能结构

2. 后台系统

后台系统为运营商提供一系列的管理功能，主要包括用户管理、商品管理和订单管理三大功能模块，如图 10-3 所示。

图 10-3 后台系统功能结构

10.3 数据库设计

根据该电子商务网站的系统功能结构可知，该电子商务网站中应该具有消费者、管理员、个人信息、商品、购物车和订单等实体。

（1）消费者实体：应该具有登录名和密码等属性。

（2）管理员实体：应该具有登录名和密码等属性。

（3）个人信息实体：应该具有注册时间、姓名、手机、邮箱和收货信息等属性。

（4）商品实体：应该具有商品名称、类型、价格、图片、库存、销量和详情等属性。

（5）购物车实体：应该具有商品信息属性。

（6）订单实体：应该具有订单号、时间、状态、商品信息、总价和收货方式等信息。

这些实体并不是独立存在的，它们之间存在一定的联系，如图 10-4 所示。

在明确了该电子商务网站中实体和实体之间的关系之后，就可以在 MySQL 中建立相应的数据库和数据表。

1. 建立数据库：db_dswz

SQL 语句：

```
create database db_dswz;
```

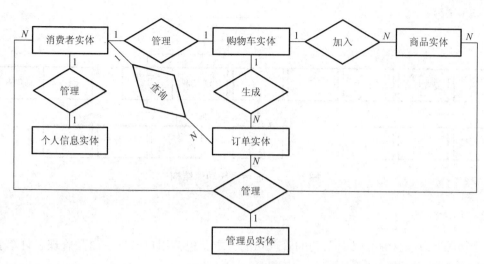

图 10 - 4　实体关系

2. 建立数据表

（1）消费者表：tb_consumers，见表 10 - 1。

表 10 - 1　消费者表

属　　性	字　段　名	字　段　类　型	空　　值	备　　注
编　号	id	int	not null	主键、自增长
登录名	username	varchar（32）	not null	
密　码	password	varchar（32）	not null	

SQL 语句：

```
create table tb_consumers (
id int auto_increment primary key,
username varchar (32) not null,
password varchar (32) not null);
```

（2）管理员表：tb_administrators，见表 10 - 2。

表 10 - 2　管理员表

属　　性	字　段　名	字　段　类　型	空　　值	备　　注
编　号	id	int	not null	主键、自增长
登录名	username	varchar（32）	not null	
密　码	password	varchar（32）	not null	

SQL 语句：

```
create table tb_administrators (
id int auto_increment primary key,
```

```
username varchar (32) not null,
password varchar (32) not null);
```

（3）个人信息表：tb_information，见表10-3。

表10-3　个人信息表

属　　性	字　段　名	字　段　类　型	空　　值	备　　注
编号	id	int	not null	主键、外键 tb_consumers（id）
注册时间	time	datetime	not null	
姓名	realname	varchar（8）	not null	
手机	cellphone	varchar（11）	not null	
邮箱	mail	varchar（50）	not null	
收货信息	receiving	varchar（5000）	null	

SQL 语句：

```
create table tb_information (
id int primary key,
time datetime not null,
realname varchar (8) not null,
cellphone varchar (11) not null,
mail varchar (50) not null,
receiving varchar (5000) null);
alter table tb_information add index (id);
alter table tb_information add foreign key (id) references tb_consumers (id)
  on delete restrict on update restrict;
```

（4）商品表：tb_commodity，见表10-4。

表10-4　商品表

属　　性	字　段　名	字　段　类　型	空　　值	备　　注
编号	id	int	not null	主键、自增长
商品名称	name	varchar（50）	not null	
价格	price	decimal（10，2）	not null	
图片	image	varchar（500）	not null	
库存	stock	int	not null	
销量	sales	int	not null	
详情	details	varchar（5000）	null	

SQL 语句：

```
create table tb_commodity (
id int auto_increment primary key,
name varchar (50) not null,
```

```
price decimal (10, 2) not null,
image varchar (500) not null,
stock int not null,
sales int not null,
details varchar (5000) null);
```

（5）购物车表：tb_tyolley，见表 10 - 5。

表 10 - 5　购物车表

属　　性	字　段　名	字　段　类　型	空　　值	备　　注
编号	id	int	not null	主键、外键 tb_consumers（id）
商品信息	content	varchar（5000）	null	

SQL 语句：

```
create table tb_tyolley (
id int primary key,
content varchar (5000) null);
alter table tb_tyolley add index (id);
alter table tb_tyolley add foreign key (id) references tb_consumers (id) on de-
  lete restrict on update restrict;
```

（6）订单表：tb_orders，见表 10 - 6。

表 10 - 6　订单表

属　　性	字　段　名	字　段　类　型	空　　值	备　　注
编号	id	int	not null	主键、自增长
用户编号	consumers_id	int	not null	外键 tb_consumers（id）
订单时间	time	datetime	not null	
状态	state	tinyint（1）	not null	
商品信息	content	varchar（5000）	not null	
总价	total	decimal（10，2）	not null	
收货信息	receiving	varchar（100）	not null	

SQL 语句：

```
create table tb_orders (
id int auto_increment primary key,
consumers_id int not null references tb_consumers (id),
time datetime not null,
state tinyint (1) not null,
content varchar (5000) not null,
total decimal (10, 2) not null,
receiving varchar (100) not null);
```

```
alter table tb_orders add index (consumers_id);
alter table tb_orders add foreign key (consumers_id) references tb_consumers
   (id) on delete restrict on update restrict;
```

10.4 项目目录结构

1. 新建项目

（1）在 Zend Studio 窗口选择 File→New→PHP Project 命令，打开新建项目窗口。

（2）在 Project name 文本框中输入项目名称 DSWZ，并选择 Create new project in work-space，单击 Finish 按钮，即可新建项目。

2. 新建文件夹

（1）右击项目文件，在弹出的快捷菜单中选择 New 命令，单击 Folder 按钮，打开新建文件夹窗口。

（2）在 Folder name 文本框中输入文件名，单击 Finish 按钮，即可新建文件夹。

（3）新建 Admin、Files、Home 和 Models 四个文件夹。

（4）在 Admin 和 Home 文件夹下分别新建 BLL、DAL、UI 三个文件夹。

（5）在两个 UI 文件夹下分别新建 CSS、Images、JS 三个文件夹。

项目目录结构如图 10-5 所示。

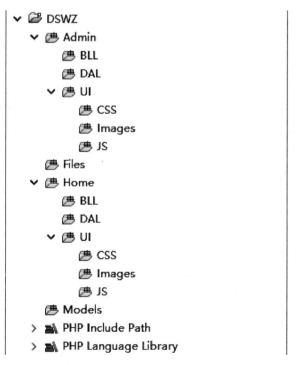

图 10-5 项目目录结构

各级目录的作用见表10-7。

表10-7　各级目录的作用

目 录 名 称	说　　明
Admin	后台系统目录
Home	前台系统目录
Models	实体类库目录
Files	上传文件目录
DAL	数据访问层目录
BLL	业务逻辑层目录
UI	表示层目录
CSS	CSS 样式表目录
JS	Javascript 目录
Images	图片目录

10.5　发　布　网　站

想要使用 Apache 发布 PHP 网站，需要在 httpd. conf 和 php. ini 文件中进行一定的配置，具体方法如下。

1. 配置 httpd. conf 文件

（1）在 X:\ AppServ \ Apache24 \ conf 文件夹中找到 httpd. conf 文件，并以"记事本"方式将其打开。

（2）如图 10-6 所示，在 LoadModule 部分的最后加入 LoadModule php5_module C:/AppServ/php5/php5apache2_4. dll。

> 说明：PHP 环境组合包基本已经进行了一定的配置，即 httpd. conf 文件中已经写入了 LoadModule php5_module C:/AppServ/php5/php5apache2_4. dll。

（3）如图 10-7 所示，在 IfModule mod_php5. c 块中加入 AddType application/x-httpd-php . php。

> 说明：PHP 环境组合包基本已经进行了一定的配置，即 httpd. conf 文件中已经写入了 AddType application/x-httpd-php . php。

（4）如图 10-8 所示，在 DirectoryIndex 语句最后加入默认的索引文件名，如 admin. php。

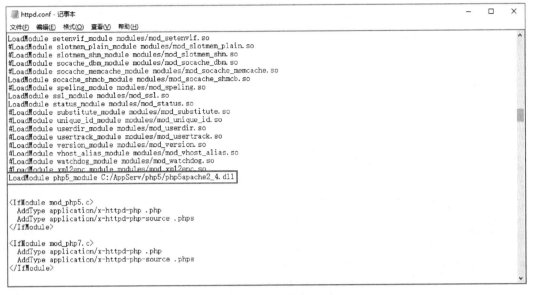

图 10-6　加载模块

图 10-7　建立文件关联

（5）如图 10-9 所示，在 httpd. conf 文件中加入以下代码。

```
<VirtualHost * :80 >
    DocumentRoot "File Directory"
    ServerName IP Address
</VirtualHost >
```

其中，File Directory 为需要发布的网站的项目路径；IP Address 为需要发布的网站的 IP
地址。

图 10 - 8　建立默认索引

图 10 - 9　建立新站点

2. 配置 php. ini 文件

（1）如图 10 - 10 所示，将 extension_dir = ". /"修改为 extension_dir = "C:/AppServ\php5\ext"。

（2）如图 10 - 11 所示，将; extension = php_gd2. dll 和; extension = php_mysql. dll 前的 ";" 去掉。

```
php.ini - 记事本                                                    —    □    ×
文件(F) 编辑(E) 格式(O) 查看(V) 帮助(H)
; Windows: "\path1;\path2"
;include_path = ".;c:\php\includes"

; PHP's default setting for include_path is ".;/path/to/php/pear"
; http://php.net/include-path

; The root of the PHP pages, used only if nonempty.
; if PHP was not compiled with FORCE_REDIRECT, you SHOULD set doc_root
; if you are running php as a CGI under any web server (other than IIS)
; see documentation for security issues.  The alternate is to use the
; cgi.force_redirect configuration below
; http://php.net/doc-root
doc_root =

; The directory under which PHP opens the script using ~username used only
; if nonempty.
; http://php.net/user-dir
user_dir =

; Directory in which the loadable extensions (modules) reside.
; http://php.net/extension-dir
; extension_dir = "./"
; On windows:
extension_dir = "C:/AppServ/php5/ext"

; Directory where the temporary files should be placed.
; Defaults to the system default (see sys_get_temp_dir)
; sys_temp_dir = "/tmp"

; Whether or not to enable the dl() function.  The dl() function does NOT work
```

图 10 – 10   配置扩展目录

```
php.ini - 记事本                                                    —    □    ×
文件(F) 编辑(E) 格式(O) 查看(V) 帮助(H)
; Note that many DLL files are located in the extensions/ (PHP 4) ext/ (PHP 5)
; extension folders as well as the separate PECL DLL download (PHP 5).
; Be sure to appropriately set the extension_dir directive.

;extension=php_bz2.dll
extension=php_curl.dll
;extension=php_fileinfo.dll
extension=php_gd2.dll
;extension=php_gettext.dll
;extension=php_gmp.dll
extension=php_intl.dll
extension=php_imap.dll
;extension=php_interbase.dll
;extension=php_ldap.dll
extension=php_mbstring.dll
;extension=php_exif.dll        ; Must be after mbstring as it depends on it
extension=php_mysql.dll
extension=php_mysqli.dll
;extension=php_oci8_12c.dll    ; Use with Oracle Database 12c Instant Client
;extension=php_openssl.dll
;extension=php_pdo_firebird.dll
extension=php_pdo_mysql.dll
;extension=php_pdo_oci.dll
;extension=php_pdo_odbc.dll
;extension=php_pdo_pgsql.dll
;extension=php_pdo_sqlite.dll
;extension=php_pgsql.dll
;extension=php_shmop.dll

; The MIBS data available in the PHP distribution must be installed.
```

图 10 – 11   配置扩展文件

> 说明：PHP 环境组合包基本已经进行了一定的配置，因此不需要对 php.ini 文件进行配置。

完成上述配置，并重启 Apache 服务器之后，就可以进入图 10 – 12 所示界面，通过 IP 地址对网站进行访问。

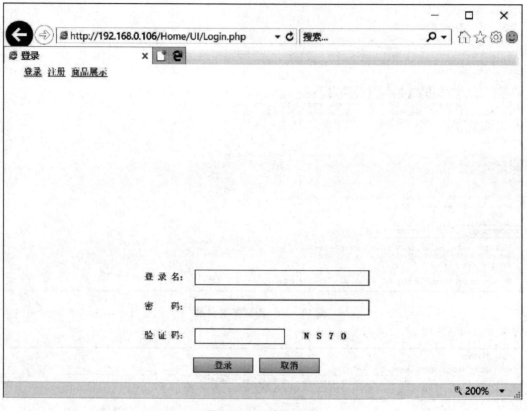

图 10 - 12　访问网站

10.6　项目开发的高级应用

上述项目只是一个非常简单的 PHP 项目开发实例，只需要个人在短时间内就能够完成。

而企业级 Web 应用的开发往往是由团队完成的。为了明确团队成员的分工和提高 Web 应用的开发效率，往往还会使用 PHP 开发框架和 PHP 模板引擎技术。

由于篇幅所限，本书在此仅对 PHP 开发框架和 PHP 模板引擎进行简单介绍。读者在对 PHP 有了足够的认识后可以参考其他书籍对框架和模板进行深入学习。

10.6.1　开发框架

框架就是一个开发 Web 程序的基本架构。利用 PHP 开发框架进行 Web 程序开发可以减少重复代码量，提高开发效率，实现 Web 程序开发的流水线作业，并且能够有效地保证 Web 程序的稳定性。

随着 PHP 的不断发展，PHP 开发框架也如雨后春笋一般发展起来，目前主流的 PHP 开发框架有 ThinkPHP、Laravel、Yii、Zend Framework、Codelgniter、Phalcon 和 Symfony 等，读者可以根据实际需要选择合适的框架来进行 Web 应用开发。

下面简单介绍 ThinkPHP、Laravel 和 Yii 三种 PHP 开发框架。

1. ThinkPHP

ThinkPHP 是为了简化企业级应用开发和敏捷 Web 应用开发而诞生的一个性能卓越、功能丰富的轻量级 PHP 开发框架。

ThinkPHP 使用面向对象的开发结构和 MVC（Model View Controller，模型、视图、控制器）模式，能够支持 Windows、UNIX 和 Linux 等服务器环境，需要 PHP 5.0 以上版本支持，并且能够支持 MySQL、PgSQL 和 Sqlite 等多种数据库和 PDO 数据库抽象层。

作为一个整体开发解决方案，ThinkPHP 能够解决开发中的大多数需要，因为其自身包含了底层架构、兼容处理、基类库、数据库访问层、模板引擎、缓存机制、插件机制、角色认证、表单处理等常用的组件，并且在跨版本、跨平台和跨数据库移植方面都比较方便。同时，其每个组件都是精心设计和完善的，应用开发过程仅仅需要关注业务逻辑。

读者可以根据需要在其官网（网站地址为 http://www.thinkphp.cn）下载合适的版本。

2. Laravel

Laravel 是一个简洁、有效的 PHP Web 开发框架，可以使开发人员从杂乱的代码中解脱出来，让每行代码都更加简洁、富有表达力。

Laravel 不仅在语法上更富有表现力，而且提供了非常丰富的扩展包，这让应用开发变得更加方便、快捷。同时，由于 Laravel 是完全开源的，其扩展包都是由世界各地的开发人员贡献的，因此扩展包的数量还在不断增长。

Laravel 需要 PHP 5.6 以上版本支持，并且需要 PHP OpenSSL 扩展、PHP PDO 扩展、PHP Mbstring 扩展、PHP Tokenizer 扩展和 PHP XML 扩展的支持。

读者可以根据需要在 Laravel 学院网（网站地址为 http://www.laravelacademy.org）下载合适的版本。

3. Yii

Yii 是一个基于组件、用于开发大型 Web 应用的高性能 PHP 开发框架，提供了 Web 应用开发所需要的几乎一切功能，是目前极具效率的 PHP 开发框架之一。

Yii 以其优异的性能、丰富的功能和清晰的文档著称。它使用面向对象的开发结构和 MVC 模式，可以最大限度地实现代码重用，从而极大地提高了开发效率。

Yii 具备成熟的缓存解决方案，特别适用于开发高流量的应用，如门户、论坛、内容管理系统和电子商务系统等。

读者可以根据需要在相关网站（网站地址为 http://www.yiichina.com）下载合适的版本。

10.6.2　模板引擎

由于 PHP 是一种 HTML 嵌入式的脚本语言，因此使用 PHP 进行 Web 应用开发时，初始的开发模板是混合层的数据编程。虽然通过 MVC 设计模式可以将应用逻辑与网页呈现在逻辑上强制性分离，但这也仅仅只是将输入、处理和输出分开，而视图中还会有 HTML

代码和 PHP 程序强耦合在一起。这导致页面设计工作和 PHP 编程工作混在一起，非常不利于团队开发及开发效率的提高。

为了提高开发效率，需要让网站的页面设计和 PHP 应用程序完全分离，使界面设计人员和程序开发人员的工作完全独立开来，而这时就可以使用模板引擎。

模板引擎技术就是将不包含任何 PHP 代码的美工页面指定为模板文件，并将该模板文件中有活动的内容，如数据库输出、用户交互等部分，定义为使用特殊"定界符"包含的"变量"，然后放在模板文件中相应的位置。当用户浏览时，由 PHP 脚本程序打开该模板文件，并将模板文件中定义的变量进行替换。这样，模板中的特殊变量被替换为不同的动态内容时，就会输出需要的页面。

目前主流的 PHP 模板引擎有 Smarty、Blade、Twig、Haml、Liquid、Mutache 和 Plates 等，读者可以根据实际需要选择合适的模板引擎来进行 Web 应用开发。

【模拟试卷 1】　　　　【模拟试卷 2】

参 考 文 献

明日科技，2012. PHP 从入门到精通［M］. 3 版. 北京：清华大学出版社.

GILMORE W J，2011. PHP 与 MySQL 程序设计［M］. 4 版. 朱涛江，等译. 北京：人民邮电出版社.

NIXON R，2015. PHP、MySQL 与 JavaScript 学习手册［M］. 4 版. 侯荣涛，侯硕楠，韩进，译. 北京：中国电力出版社.

SKLAR D，TRACHTENBERG A，2015. PHP 经典实例［M］. 3 版. 苏金国，丁小峰，等译. 北京：中国电力出版社.

WELLING L，THOMSON L，2009. PHP 和 MySQL Web 开发（原书第 4 版）［M］. 武欣，等译. 北京：机械工业出版社.

北京大学出版社本科计算机系列实用规划教材

序号	标准书号	书 名	主编	定价	序号	标准书号	书 名	主编	定价
1	7-301-24245-2	计算机图形用户界面设计与应用	王赛兰	38	29	7-301-28263-2	C#面向对象程序设计及实践教程(第2版)	唐 燕	54
2	7-301-24352-7	算法设计、分析与应用教程	李文书	49	30	7-301-19388-4	Java 程序设计教程	张剑飞	35
3	7-301-25340-3	多媒体技术基础	贾银洁	32	31	7-301-19386-0	计算机图形技术(第2版)	许承东	44
4	7-301-25440-0	JavaEE 案例教程	丁宋涛	35	32	7-301-18539-1	Visual FoxPro 数据库设计案例教程	谭红杨	35
5	7-301-21752-8	多媒体技术及其应用(第2版)	张 明	39	33	7-301-19313-6	Java 程序设计案例教程与实训	董迎红	45
6	7-301-23122-7	算法分析与设计教程	秦 明	29	34	7-301-19389-1	Visual FoxPro 实用教程与上机指导（第2版）	马秀峰	40
7	7-301-23566-9	ASP.NET程序设计实用教程(C#版)	张荣梅	44	35	7-301-21088-8	计算机专业英语(第2版)	张 勇	42
8	7-301-23734-2	JSP 设计与开发案例教程	杨田宏	32	36	7-301-14505-0	Visual C++程序设计案例教程	张荣梅	30
9	7-301-10462-0	XML 实用教程	丁跃潮	26	37	7-301-14259-2	多媒体技术应用案例教程	李 建	30
10	7-301-10463-7	计算机网络系统集成	斯桃枝	22	38	7-301-14503-6	ASP .NET 动态网页设计案例教程(Visual Basic .NET 版)	江 红	35
11	7-301-22437-3	单片机原理及应用教程(第2版)	范立南	43	39	7-301-14504-3	C++面向对象与 Visual C++程序设计案例教程	黄贤英	35
12	7-301-21295-0	计算机专业英语	吴丽君	34	40	7-301-14506-7	Photoshop CS3 案例教程	李建芳	34
13	7-301-21341-4	计算机组成与结构教程	姚玉霞	42	41	7-301-14510-4	C++程序设计基础案例教程	于永彦	33
14	7-301-21367-4	计算机组成与结构实验实训教程	姚玉霞	22	42	7-301-14942-3	ASP .NET 网络应用案例教程(C# .NET 版)	张登辉	33
15	7-301-22119-8	UML 实用基础教程	赵春刚	36	43	7-301-12377-5	计算机硬件技术基础	石 磊	26
16	7-301-22965-1	数据结构(C 语言版)	陈超祥	32	44	7-301-15208-9	计算机组成原理	娄国焕	24
17	7-301-15689-6	Photoshop CS5 案例教程(第2版)	李建芳	39	45	7-301-15463-2	网页设计与制作案例教程	房爱莲	36
18	7-301-18395-3	概率论与数理统计	姚喜妍	29	46	7-301-04852-8	线性代数	姚喜妍	22
19	7-301-19980-0	3ds Max 2011 案例教程	李建芳	44	47	7-301-15461-8	计算机网络技术	陈代武	33
20	7-301-27833-8	数据结构与算法应用实践教程(第2版)	李文书	42	48	7-301-15697-1	计算机辅助设计二次开发案例教程	谢安俊	26
21	7-301-12375-1	汇编语言程序设计	张宝剑	36	49	7-301-15740-4	Visual C# 程序开发案例教程	韩朝阳	30
22	7-301-20523-5	Visual C++程序设计教程与上机指导(第2版)	牛江川	40	50	7-301-16597-3	Visual C++程序设计实用案例教程	于永彦	32
23	7-301-20630-0	C#程序开发案例教程	李挥剑	39	51	7-301-16850-9	Java 程序设计案例教程	胡巧多	32
24	7-301-20898-4	SQL Server 2008 数据库应用案例教程	钱哨	38	52	7-301-28262-5	数据库原理与应用(SQL Server 版)(第2版)	毛一梅 郭 红	52
25	7-301-21052-9	ASP.NET 程序设计与开发	张绍兵	39	53	7-301-16910-0	计算机网络技术基础与应用	马秀峰	33
26	7-301-16824-0	软件测试案例教程	丁宋涛	28	54	7-301-25714-2	C 语言程序设计实验教程	朴英花	29
27	7-301-20328-6	ASP. NET 动态网页案例教程(C#.NET 版)	江 红	45	55	7-301-25712-8	C 语言程序设计教程	杨忠宝	39
28	7-301-16528-7	C#程序设计	胡艳菊	40	56	7-301-15064-1	网络安全技术	骆耀祖	30

序号	标准书号	书 名	主编	定价	序号	标准书号	书 名	主编	定价
57	7-301-15584-4	数据结构与算法	佟伟光	32	64	7-301-18514-8	多媒体开发与编程	于永彦	35
58	7-301-17087-8	操作系统实用教程	范立南	36	65	7-301-18538-4	实用计算方法	徐亚平	24
59	7-301-16631-4	Visual Basic 2008 程序设计教程	隋晓红	34	66	7-301-19435-5	计算方法	尹景本	28
60	7-301-17537-8	C 语言基础案例教程	汪新民	31	67	7-301-18539-1	Visual FoxPro 数据库设计案例教程	谭红杨	35
61	7-301-17397-8	C++程序设计基础教程	郗亚辉	30	68	7-301-25469-1	Photoshop 中国画技法实训教程	邹 晨 陈军灵	39
62	7-301-17578-1	图论算法理论、实现及应用	王桂平	54	69	7-301-27421-7	Photoshop CC 案例教程(第 3 版)	李建芳	49
63	7-301-28246-5	PHP 动态网页设计与制作案例教程(第 2 版)	房爱莲	58	70	7-301-30083-1	PHP 编程基础与实践教程	干 练 毛红霞	45

如您需要更多教学资源如电子课件、电子样章、习题答案等，请登录北京大学出版社第六事业部官网 www.pup6.cn 搜索下载。

如您需要浏览更多专业教材，请扫下面的二维码，关注北京大学出版社第六事业部官方微信（微信号：pup6book），随时查询专业教材、浏览教材目录、内容简介等信息，并可在线申请纸质样书用于教学。

感谢您使用我们的教材，欢迎您随时与我们联系，我们将及时做好全方位的服务。联系方式：010-62750667，pup6_czq@163.com，szheng_pup6@163.com，pup_6@163.com，lihu80@163.com，欢迎来电来信。客户服务 QQ 号：1292552107，欢迎随时咨询。